CCF优博丛书

U0179702

基于断层扫描的
网络测量关键技术研究

Research on Key Technologies of
Network Measurement Based on Tomography

李惠康——— 著

机械工业出版社
CHINA MACHINE PRESS

谁动了我的奶酪？身处互联网浪潮中的我们时常会听到这个疑问。为回答该问题，本书创新性地聚焦于基于断层扫描的网络测量技术，开展了系统深入的研究。书中的模型设计摆脱了现有网络测量技术的单一应用场景和严格前提假设，充分考虑到现代网络通信系统组成复杂、拓扑频繁变化、通信容易失效等重要特征，构建了灵活高效的网络测量技术新体系。本书首先全面分析了网络测量的研究背景和意义，并梳理了该领域的演进历程和研究现状。随后针对网络测量在灵活性、有效性和稳健性等方面日益突出的关键需求，逐一设计了相应的解决方案，并对其进行了详细的理论分析和性能评测。最后介绍了网络测量领域的未来发展趋势，对建立智能普适的网络测量框架进行展望。

　　本书适合具备相关数学、网络基础的研究者和实践者阅读，也可为计算机通信与网络等领域的从业人员和管理人员提供参考。

图书在版编目（CIP）数据

基于断层扫描的网络测量关键技术研究／李惠康著 . —北京：机械工业出版社，2024. 4
（CCF 优博丛书）
ISBN 978-7-111-75318-6

Ⅰ. ①基… Ⅱ. ①李… Ⅲ. ①计算机通信网-测量-研究 Ⅳ. ①TN915

中国国家版本馆 CIP 数据核字（2024）第 053039 号

机械工业出版社（北京市百万庄大街 22 号　邮政编码 100037）
策划编辑：韩　飞　　　　　责任编辑：韩　飞
责任校对：李可意　张　征　　封面设计：鞠　杨
责任印制：李　昂
北京捷迅佳彩印刷有限公司印刷
2024 年 7 月第 1 版第 1 次印刷
148mm×210mm・8. 5 印张・160 千字
标准书号：ISBN 978-7-111-75318-6
定价：79. 00 元

电话服务　　　　　　　　网络服务
客服电话：010-88361066　机　工　官　网：www.cmpbook.com
　　　　　010-88379833　机　工　官　博：weibo.com/cmp1952
　　　　　010-68326294　金　书　网：www.golden-book.com
封底无防伪标均为盗版　机工教育服务网：www.cmpedu.com

CCF 优博丛书编委会

丛书序

博士研究生教育是教育的最高层级，是一个国家高层次人才培养的主渠道。博士学位论文是青年学子在其人生求学阶段，经历"昨夜西风凋碧树，独上高楼，望尽天涯路"和"衣带渐宽终不悔，为伊消得人憔悴"之后的学术巅峰之作。因此，一般来说，博士学位论文都在其所研究的学术前沿点上有所创新、有所突破，为拓展人类的认知和知识边界做出了贡献。博士学位论文应该是同行学术研究者的必读文献。

为推动我国计算机领域的科技进步，激励计算机学科博士研究生潜心钻研，务实创新，解决计算机科学技术中的难点问题，表彰做出优秀成果的青年学者，培育计算机领域的顶级创新人才，中国计算机学会（CCF）于 2006 年决定设立"中国计算机学会优秀博士学位论文奖"，每年评选出不超过 10 篇计算机学科优秀博士学位论文。截至 2021 年，已有145 位青年学者获得该奖。他们走上工作岗位以后均做出了显著的科技或产业贡献，有的获国家科技大奖，有的获评国际高被引学者，有的研发出高端产品，大都成为计算机领域国内国际知名学者、一方学术带头人或有影响力的企业家。

　　博士学位论文的整体质量体现了一个国家相关领域的科技发展程度和高等教育水平。为了更好地展示我国计算机学科博士研究生教育取得的成效，推广博士研究生的科研成果，加强高端学术交流，中国计算机学会于 2020 年委托机械工业出版社以"CCF 优博丛书"的形式，陆续选择自 2006 年以来的部分优秀博士学位论文全文出版，并以此庆祝中国计算机学会建会 60 周年。这是中国计算机学会又一引人瞩目的创举，也是一项令人称道的善举。

　　希望我国计算机领域的广大研究生向该丛书的学长作者们学习，树立献身科学的理想和信念，塑造"六经责我开生面"的精神气度，砥砺探索，锐意创新，不断摘取科学技术明珠，为国家做出重大科技贡献。

　　谨此为序。

中国工程院院士

2022 年 4 月 30 日

作为当今信息世界的重要基础设施，互联网是一个真正意义上的复杂系统。它已经渗透到社会生活的各个方面，成为国家进步和社会发展的重要支柱。对这样一个复杂系统的运行管理和分析，从民生建设、商业服务和技术研究等角度来看是非常重要和迫切的。目前，全球范围内正在掀起重新规划和设计新一代互联网的热潮，认识和理解当前互联网运作中的行为及存在的问题对下一代互联网研究和设计有着重要的意义。要了解网络的运行状况和服务质量，就需要对网络进行相关的测量。分析测量得到的数据，评估网络性能，有利于定位网络瓶颈，优化网络配置并进一步发现网络中存在的潜在危险，这对网络运营商、行业管理者、信息服务商和用户都有重要的意义。

国内外对网络测量和分析的研究项目以及工程部署有很多。互联网测量与分析标准的制定由互联网工程任务组（Internet Engineering Task Force，IETF）等国际组织负责。任务组中的 IPPM（IP Performance Metrics，IP 性能参数）工作组提出了网络性能评价指标的框架，并通过 RFC 的形式定义了各种网络性能测量指标，如单向时延、双向时延、丢包模式和连通性等。此外， CAIDA（互联网数据分析合作协会）参与并开展了很多世界性的测量计划，开发了很多测量工具。这些工具通过对互联网流量数据进行采集和统计分析，优化网络拓扑结构，从而合理利用全球网络基础设施。在这些框架体系的基础上，学术界和产业界对网络测量方法进行了深入的探索。

现有网络测量方法主要有逐跳（hop-by-hop）直接测量和端到端（end-to-end）间接测量两大类型，其中网络断层扫描（network tomography）是一种具有代表性的端到端测量方法。与直接测量方法不同，网络断层扫描对硬件的依赖性较小，而是利用监测节点间端到端的测量数据推测网络内部的性能和状态，从而实现与网络组成及协议无关的测量。由于开销低和易部署等特点，网络断层扫描技术自 20 世纪末被提出后就得到了国内外学者的广泛关注。当前学术界已经提出许多网络断层扫描的理论和方法，但这些理论和方法的设计在测量精度、拓扑结构和网络通信等方面都有比较严格的规定及假设，这给这些理论和方法的实际应用与推广带来了局限性。

本书首先总结了当今通信网络的重要特征以及网络测量面临的主要挑战，包括网络规模大、组成复杂、路由拓扑频繁变化、网络通信容易失效。接着，本书提出了基于断层扫描的网络测量关键技术，以构建灵活、高效、稳健的网络测量体系。针对网络规模大、组成复杂的重要特征，研究了基于界限值推断的链路测量技术和路径测量技术，以实现对网络性能测量精度与粒度的调整，从而提高测量的灵活性并减少测量的开销；针对路由拓扑频繁变化的重要特征，研究了基于时变拓扑序列的链路测量技术，以实现对任意时变拓扑链路性能的测量，并保证拓扑更新时的测量有效性；针对网络通信容易失效的重要特征，进一步研究了基于失效分类建模的链路测量技术，以实现在有链路失效时对正常链路的性能测量。基于本书的研究内容，可以实现对大规模多跳网络的性能测量。本书内容有助于提升运营商、行业管理者和用户理解网络运行机理的能力，并支撑网络的有效管理与性能的持续优化。

在网络测量的多个应用领域，尤其是性能调优和服务质量保障领域，链路性能指标不确定和不可测是普遍存在的问题。因此，有理由期待，李惠康博士及其合作者提出的基于断层扫描的网络测量理论与关键技术能为这些领域的进步提供重要的推动力。同时，也期待本书中尚未实现但对相关行业应用意义重大的一些研究工作，能够在不久的将来得到进一步的突破。例如，如何在网络拓扑更新和通信失效时，及时有效地生成监测节点之间的测量路径以完成探测包的发送和接收？如何高效地对网络测量信息进行挖掘和智能分析，从而便捷地找到网络性能变化趋势和瓶颈？若此，则本书给学术界和产业界所带来的帮助及影响将更深、更广。

湖南大学教授

随着互联网的快速发展，网络规模不断扩大，各种新的网络应用也不断涌现。与此同时，网络的复杂性日益增加，人们对网络的管理和控制变得越来越困难，网络性能的可知性也渐渐难以保证。尽管网络基础设施的建设取得了长足的进展，但其提供的网络服务质量与用户的需求和期望之间仍然存在明显的差距。中国是世界上最大的互联网市场，拥有最大的用户群体，其互联网发展状况对国内外具有重要的影响和意义。2023 年 8 月，中国互联网信息中心发布第 52 次《中国互联网络发展状况统计报告（2023）》。报告显示，截至 2023 年 6 月，我国网民规模达 10.79 亿人，互联网普及率达 76.4%；数字基础设施建设进一步加快，资源应用不断丰富。网络容量持续增长，但网络性能并没有得到明显提升。IP 网络的服务质量（Quality of Service，QoS）、可靠性、安全性和效率逐渐成为人们关注的重点。对现有网络性能进行测量评估，并对其进行优化升级已成为各国互联网建设面临的重要问题。

早在 1974 年，加利福尼亚大学洛杉矶分校（UCLA）网络测量中心负责人 Leonard Kleinrock 和他的团队就已经开始对第一个全球分组交换网络 ARPANET（全球互联网前身）的流量分布进行初步研究。在随后近 20 年的时间里，网络测量并未得到深入研究。直到 20 世纪 90 年代，随着互联网的不断发展，人们对网络测量的需求日益迫切。 1996 年，在美国自然科学基金会的支持下，美国应用网络研究国家实验室召开了互联网统计与参数分析（Internet Statistics and Metric Analysis）研讨会。这次研讨会标志着系统化、大规模网络性能测量的开始。随后，互联网工程任务组成立了 IP 性能参数工作组，该工作组对 IP 网络性能测量框架、参数定义和测量方法进行了研究，并发布了一系列 RFC。直到现在，网络测量一直作为一项关键技术推动着计算机网络的不断进步。

在网络测量领域，网络断层扫描是一种利用网络端到端或边缘测量数据推测网络内部性能和状态的方法。由于开销低、精度高和易部署等特点，该技术自 20 世纪末被提出后就迅速引起了国内外学者的广泛关注。近年来有很多工作从多种角度对其进行了研究。网络断层扫描技术的基本思想是，通过对被测量网络中的有限监测节点实施主动测量，利用端到端网络测量数据进行统计分析来推测网络内部细粒度的性能状态。现有很多关于网络断层扫描的研究工作尝试回答网络拓扑、监测节点与网络性能计算有何关系这一问题，想要了解对于给定拓扑，如何部署监测节点以计算出网络内部性能。这些工作通常针对小规模网络，并基于路由拓扑不会频繁变更及网络组件始终可用的理想假设。然而，随着物联网和新一代移动互联时代的到来，网络组成复杂性、拓扑动态性和连接失效性进一步加剧，使得传统的基于断层扫描的测量方法不再适用。

本书围绕基于断层扫描的网络测量关键技术展开深入研究，主要内容包括：①针对网络规模大和组成复杂的重要特征，首次提出了基于界限值推断的链路与路径测量技术，显著提高了测量效率；②针对网络拓扑动态性，提出了基于时变拓扑序列的链路测量理论，便于运营商在网络规划阶段，完成对网络运行阶段拓扑更新后性能测量所需监测节点的部署；③针对网络通信易失效性，率先提出了基于失效分类建模的链路测量理论与方法，使得在给定监测节点的情况下量化任意网络的测量定位能力成为可能，提高了测量的稳健性，确保了测量任务在链路失效时的正常进行。

希望本书内容能起到抛砖引玉的作用，吸引更多的专家、学者和工程师关注并开展网络测量及管理的相关学术研究和产业应用，更好地承接新一代网络基础设施建设，推进移动物联网全面发展、"互联网+"行动计划、网络安全和信息化建设等国家战略举措。

清华大学教授

网络强国战略思想是习近平新时代中国特色社会主义思想的重要组成部分。网络测量技术是保障网络可靠运行的关键技术。互联网之父、图灵奖获得者 Vint Cerf 早在 RFC 1262（Guideline for Internet Measurement Activities，1991 年）中就指出："互联网的测量对于其未来的发展、演变以及部署规划至关重要。"

网络测量对于揭示网络行为和内部运行机理、优化协议性能，具有重要的指导意义。网络断层扫描是网络测量的重要技术。20 世纪 90 年代，莱斯大学的 Moshe Y. Vardi 在 *Journal of the American Statistical Association* 上首先提出将医学中的断层扫描（CT）思想引入网络测量，该理论与技术在过去几十年得到了长足的发展。该技术的核心思想是在网络中部署监测节点，基于监测节点对网络端到端路径及其性能的测量建立线性方程组，从而推导出网络内部链路的性能指标。考虑到监测节点部署以及网络拓扑的复杂性，网络链路存在是否可测的问题，即能否通过建立的线性方程组唯一地确定其性能指标值，这也是网络测量面临的一个基本问题。在过去很长的一段时间里，链路可测性只能通过代数和数理统计方法确定。然而这些方法不能有效地描述网络拓扑自身的特性，因此无法为网络拓扑设计和运行管理给出具体指导。

2013 年，ACM 和 IEEE 双 Fellow、著名国际期刊（*IEEE/ACM Transactions on Networking*）前主编 Don Towsley 教授的课题组在 ICDCS 2013 最佳论文中，利用拓扑划分和子图裁剪的方法，首次揭示了网络拓扑和链路可测性的基本关系，为网络断层扫描技术开启了新的篇章。但现有大部分研究还停留在基础理论阶段，无法适应当今互联网网络规模大、动态性强、失效性高的重要特点。针对上述这些挑战，本书围绕基于断层扫描的网络测量理论和关键技术进行了深入研究。首先针对链路是否可测这一网络测量的基本问题，提出了考虑时变拓扑及网络失效下链路可测性的充要判据，同时建立了链路可测性与网络拓扑变化的基本关系，使得在给定监测节点的情况下量化任意形式网络的测量定位能力成为可能。基于此，研究者和运营商可以细粒度地判断每条链路的可测性，并确定一个网络中可测链路的数量。此外，本书重点针对网络规模大、动态性强和失效性高的特点，提出了基于界限值推断的链路与路径测量技术，显著提高了测量效率，为大规模网络测量的应用与推广奠定了良好的理论基础；提出了基于时变拓扑序列与失效分类建模的链路测量方法，在实现测量稳健性的同时，大幅降低了监测节点的部署开销。

本书内容丰富，结构清晰，创新性强，内容具有重要的理论及实际应用价值。希望李惠康博士的研究成果能够为网络测量、网络管理与优化等方向的专家学者和工程从业者提供新的思路，从而将网络测量理论与技术有效地应用于更多实际问题中，促进新一代互联网基础设施的研究和建设，助力"工业4.0"智能化时代的全面推进。

董 玮

浙江大学教授

摘 要

　　信息技术的不断发展和人们对通信需求的不断增加，催生了各种网络系统和服务。一方面，用户数量的增长使有线 IP 网络的规模变得越来越庞大，多跳连接成为地理位置分布广泛的主机之间正常通信的基本前提；另一方面，物联网技术和应用的成熟使得物联网设备的数量快速增长。截至 2019 年年底，全球物联网设备数量达到 110 亿。为了实现资源受限物联网设备的互联互通，涌现出多种无线多跳数据传输技术。面对这些普遍存在的大规模多跳网络，如何对其进行有效的监控和测量成为亟须解决的关键问题。网络测量为服务提供商与网络管理员提供网络内部细粒度的运行状态信息，是网络管理与优化的基础。

　　网络断层扫描是一种有效地利用监测节点之间端到端测量数据推测网络内部运行状态的测量技术，具有较低的测量开销，引起了国内外学者的广泛关注和研究。现有网络断层扫描研究工作主要集中于测量网络的所有链路性能指标的确切值，存在实现难度大、测量成本高、可用性差等问题。此外，现有研究工作往往基于固定网络拓扑和可靠网络通信的理想假设，未考虑拓扑变化和链路失效对网络测量的影响。面对大规模多跳网络组成复杂、拓扑频繁变化及通信容易失效的重要特征，现有网络断层扫描方法难以达到预期的效果。为此，本书总结了大规模网络性能测量面临的主要挑战，并针对这些挑战提出了四项关键技术，以构建灵活、高效及稳健的性能测量体系。

（1）基于界限值推断的链路测量技术。本书研究了对网络特定链路（即目标链路）性能界限值的测量问题，在满足应用需求的前提下，通过灵活调整链路性能测量的精确度，降低测量复杂度和测量开销。具体地讲，本书首先提出了一种高效的目标链路性能界限值推断算法，在任意一个给定监测节点和端到端测量数据的网络中快速地计算出所有目标链路最紧的性能界限值（包括最紧上界值和下界值）。基于此，本书进一步提出了一种新监测节点的部署算法，在网络已有监测节点的基础上，通过增加一个新监测节点以最大限度地缩小目标链路性能界限区间，以及通过部署最少监测节点以满足服务提供商与网络管理员对目标链路性能界限区间长度减少量的需求。和现有优秀的方法相比，本书提出的方法大幅度减小了目标链路性能界限区间的总长度并显著减少了监测节点的部署数量。相关工作发表在著名国际会议 IEEE INFOCOM 2020 上。

（2）基于界限值推断的路径测量技术。本书研究了对网络特定路径（即目标路径）性能界限值的测量问题，以较小的开销实现对网络关键服务端到端性能的测量。具体地讲，本书提出了一种目标路径性能界限值推断算法，基于给定监测节点之间的测量数据，推算出网络所有目标路径最紧的性能界限值。此外，本书提出了一种新监测节点的部署算法，在网络已有监测节点的基础上，通过增加一个新监测节点以最大限度地缩小目标路径性能界限区间，以及通过部署最少监测节点以满足对目标路径性能界限区间长度减少量的需求。和现有方法相比，本书提出的方法大幅度减小了目标路径性能界限区间的长度并减少了监测节点的数量。相关工作发表在著名国际期刊 *IEEE/ACM Transactions on Networking* 上。

（3）基于时变拓扑序列的链路测量技术。针对网络拓扑的动态性，本书提出了一种面向时变拓扑的链路性能测量技术。基于对网络连通性的预测，本书设计了一种简洁通用的时变拓扑刻画模型。基于该模型，本书提出了一种预先式监测节点部署算法，便于服务提供商与管理员在网络规划阶段，完成对网络运行阶段性能测量所需监测节点的部署，从而减少监测节点更换的开销并提高测量的稳定性。和现有方法相比，本书提出的方法放宽了对网络拓扑模型的假设，从而能够适应更多实际应用场景的需求。相关工作发表在著名国际会议 IEEE ICNP 2017 和著名国际期刊 *IEEE/ACM Transactions on Networking* 上。

（4）基于失效分类建模的链路测量技术。针对网络通信的易失效性，本书研究了在不同类型的网络失效下链路性能的测量问题。具体地讲，基于网络链路失效的可预测性与不可预测性，本书对链路失效进行了不同形式的建模。基于此，本书提出了多种稳健的监测节点部署算法，利用监测节点之间端到端的测量数据，推算出网络所有非失效链路的性能指标值，包括：①简单的部署算法（联合部署和一次性部署），将现有针对不可预测链路失效的部署算法应用于一组由可预测链路失效生成的拓扑（即预测拓扑）上；②增量部署算法，基于已有监测节点，在一组预测拓扑上依次部署额外的监测节点；③综合部署算法，将监测节点部署问题映射为广义的碰撞集问题以全面考虑所有预测拓扑上监测节点的部署需求。此外，本书提供了一个冗余监测节点的识别和移除算法，进一步提高监测节点部署的性能。和现有方法相比，本书提出的方法在保证链路性能可识别性的同时，能够很好地实现测量开销与时间复杂度的平衡。相关工作发表在国际会议 ACM TUR-C 2017 和著名国际期刊 *IEEE/ACM Transactions on Networking* 上。

关键词： 大规模，网络测量，网络断层扫描，性能指标，监测节点，可识别性

ABSTRACT

With the development of information technologies and the increasing demand for communications, various network systems and services have emerged. On the one hand, the increase in the number of users has made the scale of wired IP networks more and more massive, and multi-hop connections have become a basic prerequisite for the normal communication among hosts that widely distributed in the global. On the other hand, the maturity of Internet of Things (IoT) technologies has promoted the growth of IoT devices. The number of global IoT devices has reached 11 billion until the end of 2019. In order to connect the resource-constrained IoT devices, many low-power multi-hop data transmission technologies have been proposed. In this regard, how to efficiently measure the performance of these large-scale multi-hop networks becomes an essential problem. Network measurement provides the fine-grained performance metrics to service providers and network managers, which is the basis of network management and network optimization.

Network tomography is an external approach that uses end-to-end measurements among monitors to infer the internal network states, thereby incurring low overhead. Existing works mainly focus on identifying the exact values of all link metrics, which results in high implementation complexity and non-negligible operational cost. Moreover, existing works usually assumes an ideal network model where the topology is fixed and all network elements are reliable, without considering the impact of topology changes and link failures on network measurement. Due to the complicated composition, frequent topology changes and communication failures of large-scale multi-hop networks, the existing network tomography methods could not achieve the desired performance. To this end, this dissertation summarizes the main challenges of large-scale network performance measurement, and proposes four key technologies to build a flexible, efficient and robust measurement system.

(1) Bound-based network tomography for inferring link metrics. The problem of inferring the performance bounds on a set of target links(i. e., interesting links) is investigated. By flexibly adjusting the accuracy of link performance measurement that satisfies the application requirements, the im-

plementation complexity and monitoring overhead can be significantly reduced. Specifically, this dissertation first develops an efficient solution to obtain the tightest upper and lower bounds of interesting links in an arbitrary network with a given set of monitors and end-to-end measurements. Based on this solution, this dissertation further proposes an algorithm to place new monitors over existing ones such that the bounds of interesting links can be maximally tightened. Compared with state-of-the-art approaches, the proposed algorithms noticeably reduce the bound interval lengths of all interesting links and the number of monitors. This work has been published in the proceedings of IEEE INFOCOM 2020.

(2) Bound-based network tomography for inferring path metrics. In order to verify the performance of the paths running critical services, the problem of inferring performance bounds for a set of paths of interest is considered. Specifically, this dissertation first presents an efficient solution to infer the tightest upper bounds and lower bounds of all interesting paths in an arbitrary network with a given set of monitors and end-to-end measurements. Moreover, this dissertation develops a monitor placement algorithm so that a newly added monitor can maximally tighten the performance bounds

of interesting paths. The proposed algorithms substantially reduce the bound interval lengths of all interesting paths and use much fewer monitors than state-of-the-art approaches. This work has been published in IEEE/ACM Transactions on Networking.

(3) Link performance tomography based on time-varying topology sequence. This dissertation studies the problem of inferring the link metrics from end-to-end measurements in the face of topology changes. Based on the prediction of network connectivity, a concise and generic time-varying topology model is designed. This dissertation also proposes an efficient algorithm to place monitors proactively so that during network planning, service provider and network manager can meet the demands of monitor placement at runtime, which avoids frequent reconfigurations and instability in the monitoring system. Compared with existing methods, the proposed algorithm relaxes the assumptions about network model and is suitable for more practical application scenarios. This work has been published in the proceedings of IEEE ICNP 2017 and IEEE/ACM Transactions on Networking.

(4) Link performance tomography based on failure clas-

sification modeling. In view of the vulnerability of network communication, the link performance tomography with considering different kinds of link failures is studied. Specifically, based on the predictability and unpredictability of link failures, this dissertation models them in different forms. Moreover, this dissertation proposes a set of robust monitor placement algorithms which place monitors to compute the metrics of all non-failed links by end-to-end measurements between monitors, including: ① two straightforward solutions (i. e., simple union placement and one-time placement algorithms) that apply an existing algorithm for unpredictable link failures to a set of predicted topologies generated by predictable link failures; ②an incremental placement algorithm that sequentially places monitors in each predicted topology; ③a joint placement algorithm that jointly considers monitor requirements of all network topologies by casting the problem as a hitting set problem. A monitor removal method is also developed to identify and remove the redundant monitors. Compared with existing methods, these proposed algorithms can guarantee the link identifiability with various tradeoffs between the measurement overhead and time complexity. This work has been published in the proceedings of

ACM TUR-C 2017 and IEEE/ACM Transactions on Networking.

Keywords: large scale, network measurement, network tomography, performance metrics, monitor, identifiability

目　录

第1章

绪论

1.1 研究背景

　　信息技术的不断进步和人们对通信需求的不断增长，催生了各种网络系统和服务。在有线网络方面，互联网是 20世纪最重大的科技发明之一，它是将全球范围内无数计算机终端及其所携带的信息通过电缆、光缆、无线电等传输媒介连接起来的互联网络。在经济全球化与经济一体化的推动下，互联网极大地改变了人们生活和工作的方式。从最初只包含 4 个节点的 ARPANET 网络[1] 开始，经历近半个世纪的发展，互联网的规模已经变得非常庞大。表 1.1 给出了从 2015 年到 2019 年间互联网域名系统中连接的主机数和全球用户数的变化情况[2]。可以看出，在短短 5 年时间内，互联网的用户规模已经从 33.66 亿增加到 45.36 亿，互联网的普及率从 46.4%增加到 58.8%。同时，互联网连接的主机数也已经超过 10 亿。为了将遍布全球的计算机连为一体以及将整个世界变成真正的"地球村"，多跳连接组网成为互联网中网络互联和信息互通的基本模式。

表 1.1　全球互联网连接主机数及用户数的变化情况

年份	主机数（亿）	用户数（亿）	占世界人口比重
2015	10.13	33.66	46.4%
2016	10.49	36.96	49.5%
2017	10.63	41.56	54.4%
2018	10.04	43.13	55.6%
2019	10.13	45.36	58.8%

在无线网络方面，物联网[3-4]已经成为学术界和产业界研究的热点。物理节点在配备了必要的芯片和软件后，具备感知、存储、处理以及通信能力。自1999年物联网概念由美国麻省理工学院提出以来，物联网技术在多个领域得到了广泛的应用，包括环境保护、公共安全、智慧城市和智能家居等[5-6]。根据全球移动运营商智库 GSMA 的统计和预测，截至2019年年底，全球物联网设备连接数量达到110亿，2025年将达到250亿，年平均增长率约为15%[7]。

受使用成本和部署场景的限制，物联网设备的能量往往十分有限，大多由电池进行供电。为了降低物联网设备的能耗，涌现出多种无线低功耗通信技术。例如，IEEE 802.15.4[8]定义了低速率无线个人局域网的物理层和媒介接入控制协议，是 ZigBee[9]、WirelessHART[10]等规范的基础。然而，这些无线低功耗通信技术的传输距离非常有限，例如 ZigBee 的传输距离通常在 100m 以内[11]。为此，国内外研究者提出了一系列多跳路由协议来扩展无线低功耗网络的覆盖范围。例如，互联网工程任务组 IETF RoLL 针对低功耗有损网络提出了一种基于 IPv6 的 RPL（Routing Protocol for Low-Power and Lossy Networks）协议[12]。蓝牙技术联盟于 2016 年发布了实现多跳传输功能的蓝牙 5.0 标准[13]。

随着通信技术的不断发展和应用服务的不断普及，多跳连接网络具有以下几个重要特征。

网络规模大，组成复杂。当前，让更多设备入网成为国家信息化建设的基本目标，也是满足人们对生产和生活中信息共享、信息处理以及设备控制等日常需求的重要途径。因此，各种形式网络的规模都在日益扩大，例如互联网的主机数量已经达到十亿级，物联网设备的连接数量也已经达到百亿级。另外，应用的多样性以及制造与管理的差异性使网络组成变得越来越复杂。例如，全球互联网已经包含数十万个异构的自治系统（Autonomous System，AS），物联网系统融合了节点端、客户端、边缘端和云平台上的多种不同设备。

路由拓扑频繁变化。由于节点位置、通信资源和流量负载等的动态性，动态路由被广泛用于改善网络的传输性能，从而使一个节点的数据包可能沿不同的路由到达另一个节点。例如，互联网开放式最短路径优先（Open Shortest Path First，

OSPF)[14] 协议根据网络链路的实时状态计算到各个自治系统网络的最短路径，很多物联网协议在设计之初就考虑了如何使节点根据周围环境变化自适应地调整数据包路由路径[15-16]。随着软件定义网络、网络功能虚拟化及车联网等网络技术的兴起，动态拓扑结构已经成为这些新型网络的重要特征[17-18]。

网络通信容易失效。受网络负载、安全攻击、人为差错和环境干扰等因素的影响，网络通信失效（或故障）时有发生。例如，互联网的高并发访问和分布式拒绝服务攻击（DDoS)[19] 容易使路由器、网关和服务器等负载过高，造成网络链路拥塞，甚至通信失效。传感网系统通常部署在复杂的场景中，例如野外[20]、工厂[21]、办公楼[22] 等。而传感器节点的通信容易受到物体遮挡和周围噪声的影响，从而使网络链路质量不稳定，数据传输不可靠[23]。

由于网络组成复杂、通信资源受限、环境干扰多变以及运营管理不当等，目前大规模网络的整体性能仍然存在着许多问题。以流媒体网站 Netflix 与美国最大的网络运营商 Comcast 为例，使用 Comcast 网络的 Netflix 用户在 2014 年以前曾经普遍遇到了视频加载缓慢的问题，严重影响了观看体验。在加载速度最慢的 2013 年 12 月，Netflix 用户在 Comcast 提供的网络上甚至无法观看正常的 720p 视频[24]。此外，无线传感网络 CitySee 在数据包采集过程中存在近 20% 的丢包率[25]。因此，如何有效地监测、认知这些大规模网络以提高其整体性能成为一个亟须解决的问题。

　　要了解网络的运行状态和特性，就需要对网络进行相关的测量。分析测量的数据，有助于认知网络行为和评估网络性能。更为重要的是，网络测量为性能调优、故障恢复、资源分配和安全防御等一系列网络管理操作提供了基础与依据，如图1.1所示。同时，网络测量对互联网服务提供商（Internet Service Provider，ISP）、互联网内容提供商（Internet Content Provider，ICP）和用户都有着重要的意义。例如，通过对网络的测量和分析，互联网服务提供商可以了解关键基础设施的运行状态、网络端到端的瓶颈以及网间互联互通策略的性能；对互联网内容提供商来说，网络的测量信息有助于其提高应用服务部署的合理性；对网络用户来说，可以了解自己得到的服务是否优质、服务水平协议（Service Level Agreement，

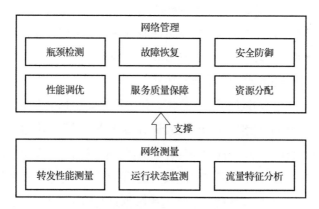

图 1.1　网络测量与网络管理的关系

SLA）的满足情况以及网络出现的问题，有利于硬件平台的搭建和软件协议的设计。

现有网络测量方法主要分为直接测量方法和端到端的间接测量方法两大类，其中网络断层扫描[26]是一种具有代表性的端到端测量方法。与直接测量方法不同，网络断层扫描利用端到端的测量数据推断网络内部性能和状态，从而实现与网络组成及协议无关的网络测量，具有较低的测量开销。简单地说，网络断层扫描技术可以在没有中间节点协作的条件下，在网络的部分节点上部署具有监测能力的装置（即监测节点），并采用主动发送探测包的方式从监测节点上收集端到端的网络测量数据，再运用统计学理论对测量数据进行分析处理，从而推算出网络内部性能状态。由于精度高和易部署等，网络断层扫描技术自21世纪初被提出后就得到了国内外学者的广泛关注和研究[27]。

本书针对大规模多跳网络性能测量问题中的关键技术展开研究。总的来说，使用网络断层扫描技术对大规模网络进行性能测量面临以下需求和挑战：

第一，测量的灵活性需求。传统网络断层扫描大多旨在实现对整个网络性能指标的精确计算和统计[28-31]。在这样的测量目标下，服务提供商与管理员需要在网络的多个位置部署监测节点，并向网络中注入大量的探测包。通过分布式地采集测量数据，然后对采集到的数据进行全面分析与综合，从而得到单个网络元素（例如链路）的性能指标值。这样的测量方法往往只适用于小规模的网络，在规模庞大、组成复杂的网络中存在实现复杂度高、测量开销大和可用性差等问题。因此，如何在大规模多跳网络中设计灵活的测量方法以调整网络性能测量的精度和粒度是一个关键的问题。

第二，测量的有效性需求。现有的很多网络断层扫描工作针对不同的网络场景研究了网络性能的可识别性理论，并提出了相应的测量方法。总体上，这些工作都要求一个固定不变的拓扑和稳定的路由[32-35]。然而，在大规模多跳网络中，由于通信资源、数据流量和信道质量等的动态性，拓扑更新和路由切换是比较常见的，从而极大地影响了现有测量方法的有效性。因此，如何在大规模多跳网络中设计一种有效的测量方法以应对路由拓扑的频繁变化同样是一个关键的问题。

第三，测量的稳健性需求。现有的研究工作尝试回答网络拓扑、监测节点与网络性能计算有何关系这一问题[36-39]，想要了解对于给定拓扑，如何部署监测节点以计算出网络内部性能。这些工作在网络通信模型上都带有理想的假设，即网络的所有元素（链路和节点）都是始终可用的，并没有考虑到网络通信失效的情况。然而，通信易失效性越来越成为大规模多跳网络的一个重要特征。因此，为了保证测量任务的顺利进行，如何在大规模多跳网络中设计一种稳健的测量方法以消除通信失效对网络测量的影响也是一个关键的问题。

1.2 研究目的与研究内容

为了应对前文提到的三个关键问题，本书研究基于断层扫描的网络测量关键技术，以构建灵活、高效、稳健的网络性能测量体系。图 1.2 给出了在测量灵活性、有效性和稳健性方面的四项关键技术的研究内容和内在联系。针对网络规模大、组成复杂的重要特征，本书研究了基于界限值推断的链路测量技术和基于界限值推断的路径测量技术，以实现对网络性能测量精度和测量粒度的调整，从而提高测量的灵活性及减少测量的开销。针对路由拓扑频繁变化的重要特征，本书研究了基于时变拓扑序列的链路测量技术，以实现对任意时变拓扑链路性能的平稳测量，从

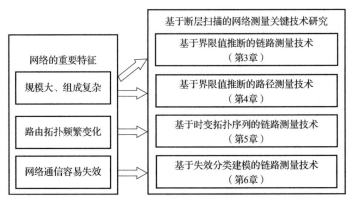

图 1.2　基于断层扫描的网络测量关键技术研究内容

而保证测量在拓扑更新和路由切换时的有效性。针对网络通信容易失效的重要特征，本书研究了基于失效分类建模的链路测量技术，以提高测量的稳健性，确保测量任务在链路失效时的正常进行。下面将具体给出本书研究的四项关键技术的主要内容。

第一，基于界限值推断的链路测量技术。现有国内外研究工作往往旨在测得网络所有链路性能的确切值。这样的测量目标使传统测量方法普遍存在测量精度过于单一、实现难度大以及测量成本高等问题。而在实际应用中，服务提供商与用户通常关心的是网络某些特定链路的性能是否符合服务水平协议的要求，此时只需知道这些特定链路性能所处的范围（即界限值）。为此，本书首次研究了对网络特定链路（即目标链路）性能界限值的测量问题，在满足应用需求的前提下，通过灵活调整链路性能测量的精度，降低方法实现的复杂度及测量的开销。具体地，本书首先提出了一种高效的目标链路性能界限值推断算法，在任意一个给定监测节点和端到端测量数据的网络中快速地计算出所有目标链路最紧的性能界限值（包括最紧上界值和最紧下界值）。基于链路性能界限值的推断算法，本书进一步提出了一种新监测节点的部署算法 NMPI，在网络已有监测节点的基础上，通过增加一个新监测节点以最大限度地缩小目标链路的性能界限区间，以及通过部署最少的监测节点以满足服务提供商与用户对目标链路性能界限区间长度减少量的需求。和现有最好的方法相比，本书提出的算法大幅度减小了目标链路性能界限区间的长度并减少了监测节点的数量。相关工作发表在 CCF A 类国际会议 IEEE INFOCOM 2020 上[40]。

第二，基于界限值推断的路径测量技术。现有网络断层扫描研究工作主要针对细粒度的网络性能测量（例如单条链路的性能）。在一些实际应用中，服务提供商与管理员需要验证的是运行关键服务的路径性能。为此，本书研究了对网络特定路径（即目标路径）性能界限值的测量问题，通过灵活调整测量的粒度，以较小的开销实现对网络关键应用与服务端到端性能的监测。具体地，本书提出了一种高效的目标路径性能界限值推断算法，基于给定监测节点之间的测量数据，推算出网络所有目标路径最紧的性能界限值。此外，本书提出了一种新监测节点的部署算法 MPIP，在网络已有监测节点的基础上，通过增加一个新监测节点以最大限度地缩小目标路径的性能界限区间，以及通过部署最少的监测节点以满足服务提供商与管理员对目标路径性能界限区间长度减少量的需求。和现有方法相比，本书提出的算法显著减小了目标路径性能界限区间的长度并减少了监测节点的数量。相关工作发表在 CCF A 类国际期刊 *IEEE/ACM Transactions on Networking* 上[41]。

第三，基于时变拓扑序列的链路测量技术。现有网络断层扫描研究工作大多针对静态拓扑的网络场景，即一个固定拓扑中的网络性能测量。而大规模多跳网络拓扑的动态变化将严重影响现有测量方法的有效性。为此,本书考虑了在面对网络拓扑变化时的链路性能测量问题。基于对网络连通性的预测及时空相关性的分析,本书设计了一种简洁及通用的时变拓扑刻画模型。基于该模型,本书提出了一种预先式监测节点部署算法,便于服务提供商与管理员在网络规划阶段,完成对网络运行阶段拓扑变化后性能测量所需监测节点的部署,从而减少监测节点更换的开销并提高测量的稳定性。和现有方法相比,本书提出的方法放宽了对网络拓扑模型的假设,能够适应更多实际应用场景的需求。相关工作发表在 CCF B 类国际会议 IEEE ICNP 2017 和 CCF A 类国际期刊 *IEEE/ACM Transactions on Networking* 上[42-43]。

第四,基于失效分类建模的链路测量技术。针对链路通信失效及网络连通性预测误差对网络测量的重要影响,本书首次考虑了在不同类型链路失效下链路性能的测量问题。具体地,基于链路失效的可预测性与不可预测性,本书对网络链路失效进行了不同形式的建模。基于此,本书提出了多种稳健的监测节点部署算法,基于监测节点之间端到端的测量数据,推算出网络所有非失效链路的性能指标,包括:①两种简单的部署算法(即联合部署和一次性部署),将现有针对不可预测链路失效的部署算法应用于一组由可预测链路失效生成的拓扑(即预测拓扑)上;②增量部署算法,基于已有监测节点,在一组预测拓扑上依次部署额外的监测节点;

③综合部署算法，通过将监测节点部署问题映射为广义的碰撞集问题来综合考虑所有预测拓扑上监测节点的部署需求。另外，本书还提供了一个算法以识别并移除网络中冗余的监测节点。和现有方法相比，本书提出的方法在保证测量任务顺利进行和链路性能可识别性的同时，能够很好地实现测量成本与计算复杂度之间的平衡。相关工作发表在国际会议 ACM TUR-C 2017（获得大会最佳论文奖）和 CCF A 类国际期刊 *IEEE/ACM Transactions on Networking* 上[44-45]。

总体上，基于界限值推断的链路测量技术消除了现有工作对网络测量目标及测量对象的限制，通过灵活调整性能测量的精度及目标链路的选取，可以在满足测量需求的同时，有效地减少测量的开销。基于界限值推断的路径测量技术进一步泛化了测量的对象，可以得到网络任意两个节点之间通信路径的性能界限值。基于时变拓扑序列的链路测量技术拓展了传统方法及基于界限值推断测量方法的应用场景，使其能够适应网络路由拓扑的动态性。基于失效分类建模的链路测量技术放宽了现有工作对网络通信模型的假设，考虑了链路失效对网络测量的影响，并解决了链路失效下的性能测量问题。基于对链路失效情况的分类建模，还能够弥补基于时变拓扑序列的链路测量技术在网络连通性预测和拓扑刻画上的不足，提高其测量的稳健性（具体细节将在 6.2.1 节展开）。因此，基于本书研究的上述四项关键技术，可以实现对大规模多跳网络灵活、高效和稳健的性能测量，有助于提升运营商了解网络运行机制的能力，支撑网络的有效管理与性能的持续优化。

本书内容分为 7 章，具体组织如下。

第 1 章：绪论。主要介绍了大规模多跳网络及网络测量的研究背景，引出了本书的研究目的与研究内容，即网络测量灵活性、有效性和稳健性三个核心方面的关键技术。

第 2 章：相关工作。主要介绍了与本书研究内容相关的国内外研究工作，并从测量精度（及粒度）、拓扑结构和通信模型三个方面进行讲述。

第 3 章：基于界限值推断的链路测量技术。主要包括一种基于给定网络端到端测量数据的链路最紧性能界限值的推断算法，以及一种在网络已有监测节点基础上部署新监测节点的算法 NMPI，并对所提出的算法进行全面评测。

第 4 章：基于界限值推断的路径测量技术。主要包括一种基于给定网络端到端测量数据的路径最紧性能界限值的推断算法，以及一种在网络已有监测节点基础上部署新监测节点的算法 MPIP。

第 5 章：基于时变拓扑序列的链路测量技术。主要包括一种基于网络连通性预测和时空相关性分析的时变拓扑刻画模型，以及一种预先式监测节点部署算法 MAPLink，同时对 MAPLink 在网络拓扑变化时的有效性进行了形式化证明以及详细的评测。

第 6 章：基于失效分类建模的链路测量技术。主要包括一种链路失效的分类模型以及多种在实现成本和计算复杂度上有不同表现的监测节点部署算法，同时对监测节点部署性能进行了详细的评测并对不同类型链路失效的影响进行了定量分析。

第 7 章：总结与展望。对本书的主要研究内容进行了回顾和总结，并对未来将要开展的工作进行了展望。

第 2 章

相关工作

网络测量作为监控、理解和认知网络行为与运行机制的重要途径，受到了越来越多研究人员的关注及重视。本章主要对网络测量的基本概念和相关研究工作进行介绍。

2.1 网络测量概述

网络测量是指遵照一定的方法和技术，利用软硬件工具对网络性能和状态进行测量表征的一系列活动。当前网络测量的研究范围主要包括性能测量、状态监测和流量分析，其中学术界对网络性能测量的研究最为广泛。通过测量网络时延、丢包率和带宽等基本性能指标，有助于了解网络在连通性、可靠性和安全性等方面的表现。

此外，当前学术界和产业界存在许多不同的网络测量方法。从测量方式来看，网络测量方法可以分为主动测量和被动测量两种类型。主动测量通过向网络中发送一定数目的探测包，并分析探测包的特征变化，从而得到网络的性能指标和运行状态。被动测量需要在网络中借助数据包捕获器/嗅探器等捕获措施来记录传输的数据信息，通常用于对网络流量的统计，即经过特定节点之间的数据包数目，也可以用于对节点资源使用情况等的监测[46]。

在主动测量方面，有一些可以使用的测量工具。ping（Packet Internet Groper）[47] 是常见的一种测量工具。源主机通过"ping"命令向目的主机发送互联网控制报文（Internet Control Message Protocol，ICMP），可以判断源主机与目的主机之间的连通性并获得两台主机之间的通信时延和丢包率等性能指标。traceroute[48] 是一种用于测量互联网路由路径和数据包传输时延的工具。为了防止数据包在网络中兜圈子，IP 协议规定，源主机在发送 IP 数据报时会初始化其首部的生存时间（Time To Live，TTL）字段。路由器在转发数据报时，会将数据报首部的 TTL 字段值减 1。当数据报的 TTL 字段值减为 0 时，该数据报将会被丢弃，并向源主机发送一个 ICMP 差错报告报文。基于此规定，源主机通过向目的主机发送 TTL 字段值递增的 IP 数据报，当路径上的路由器依次返回 ICMP 差错报告报文时，源主机便可以获得到达目的主机的完整路由信息。同时，traceroute 通过记录每次 IP 数据报的发送时间和 ICMP 差错报告报文的接收时间，可以计算出数据报到达每一个路由器的往返时间。pathchar[49] 是一种对链路时延和带宽进行测量的工具。与 traceroute 相似，pathchar

也利用了 ICMP 及 IP 数据报首部的 TTL 字段。源主机通过向目的主机发送 TTL 值逐渐增大的探测包及接收返回的 ICMP 时间超过差错报告报文,从而得到到达目的主机的路由信息。不同的是,pathchar 还将改变每次发送的探测包的大小。通过记录每个探测包的大小及其往返时延的变化,可以推算出探测包路由路径上每一条链路的可用带宽。

可以看出这些网络测量工具虽然可以实现对网络性能的直接测量,但是存在以下三个比较明显的缺陷:①测量操作要求网络中所有节点都支持 ICMP,这一点在有些网络场景(例如安全防御)中难以实现;②要想测量出细粒度的性能指标,需要向网络中注入大量的探测包,从而产生大量非正常通信流量,容易对网络的实际运行造成影响;③由于 ICMP 自身的限制和网络负载的增加,使测量结果通常带有偏差,因此,如何设计一种更加有效的方式实现对网络性能指标的间接测量成为一个重要的问题。其中,网络断层扫描[50] 是一种利用网络边缘端到端的观测数据推断网络内部性能的间接测量方法。其通过在网络部分节点上部署监测节点,利用监测节点之间探测包的发送和接收,得到网络端到端性能的观测值,从而推断出单条链路的性能。在此方法中,网络内部节点不需要参与网络测量过程,只需按要求转发探测包即可,对于网络组成和协议的依赖性较小。

在被动测量方面,通常是基于对单个节点设备的监测,需要特定的方式。wit[51] 是一种基于被动监听的非侵扰式测量系统，其首先通过合并多个嗅探器的局部视图以便得到完整的网络传输轨迹，然后基于网络传输轨迹推断数据包接收率和链路吞吐量等性能指标。LIPM[52] 通过被动地监测无线传感器节点和汇聚节点/基站之间的流量数据，并利用网络断层扫描的数据分析方法（即构建线性方程组）推算出网络内部链路的丢包率。LDA[53] 通过记录源主机和目的主机在一个测量周期内数据包发送/接收的数量和数据包发送/接收的时间戳，从而计算出源主机与目的主机之间端到端的平均时延。Keller 等人[54] 提出了一种基于时钟漂移模型的无线传感网端到端时延的测量算法。该算法在无线数据包被收集到汇聚节点后，通过时钟模型分析多个数据包发送的约束关系，并以此重构数据包在传感器节点上的发送顺序，接着计算出数据包传输的端到端时延。不同于上述方法对网络端到端时延的推断，Domo[55] 可以推算出数据包路由路径上每一条链路的时延，即逐跳时延。其主要思想是通过在汇聚节点上记录每个接收数据包的路由信息和端到端时延，接着将每个数据包的逐跳时延当作一个未知量，通过深入挖掘这些未知量之间的内在联系，建立多种约束条件，然后应用最优化理论进行求解，从而获得数据包的逐跳时延数值。

由被动测量方式的工作流程可以看出，被动测量依赖于所测链路（或节点）上的流量负载，从而使被动测量方式具有较高的实现复杂性和较差的可控性，且测量准确性受嗅探器（或捕获器）的性能影响较大。另外，被动测量方式在捕获链路数据包时，会涉及网络正常的通信信息，可能会带来隐私泄露及安全攻击的问题，从而不利于方法的推广和大范围的使用。

由于网络断层扫描具有测量开销低、精度高和易部署等特点，所以引起了国内外学者的广泛关注，近些年很多工作在不同网络场景下对其进行了研究。接下来，本章将分别从测量精度（及粒度）、网络拓扑模型和网络通信模型三个核心方面阐述在基于断层扫描的网络测量领域一些具有代表性的研究工作。

2.2 精度及粒度固定的网络测量技术

根据网络性能指标和状态特征，目前网络断层扫描的测量方法大致可以分为统计学习方法和代数计算方法。其中，统计学习方法处理的是性能指标在一段时间内会随机变化的测量数据，而代数计算方法处理的是性能指标在一段时间内（例如探测包收集过程）比较稳定的测量数据。基于统计学习的网络断层扫描的根本目标是将路径性能及状态当作一个整体，通过收集端到端的测量数据样本，然后结合网络模型推算出每一条链路性能及状态的概率分布。目前网络断层扫描主要的统计学习方法有最大似然估计[58-59]、期望最大化[60]

和贝叶斯估计[61]等。

为了测得所有链路性能指标的概率分布，文献［26］和文献［62］分析了逻辑多播树在网络断层扫描技术中的可行性并提出了相应的多播树构造算法，并基于此进行网络探测包的发送和接收。在测量数据分析阶段，Chen 等人[63] 在应用傅里叶变换方法对多播树的测量数据做预处理后，结合广义矩估计的方法推算出网络链路性能指标的概率分布。注意到性能测量的准确性依赖于测量数据的质量，He 等人[64] 基于费雪信息理论设计了一种网络探测包分配及发送的框架，用于计算在给定测量路径和测量负载（即探测包总数目）时单条测量路径上探测包的发送数目，从而使收集的路径测量数据可以最大化网络链路性能估计的准确率。为了说明探测包分配框架的有效性和通用性，He 等人[64] 将该框架应用到链路时延测量和链路丢包率测量的两个具体实例中。实验结果表明，基于所设计框架收集的端到端测量数据和采用的统计分析方法（D-最优化和 A-最优化），能够比较准确地估算链路时延和丢包率的概率分布情况。针对网络运行状态的监测和链路故障的定位问题，文献［65-68］基于最大似然估计方法从网络中找出一组最少的故障链路，从而能够完全解释收集的路径状态特征。文献［69-70］基于端到端的网络测量信息，使用贝叶斯学习方法推测单条链路的通信故障概率，该结果可以为网络故障的修复和预防提供理论指导。

　　基于代数计算的网络断层扫描测量方法的基本思想是将链路性能指标（或通信状态）表示成一个未知的常量，通过收集一组最有效（例如线性无关）的端到端测量数据，然后结合特定的网络模型（例如拓扑结构和路由形式）推算出链路性能（或通信状态）的确切值。对于可累加的网络性能指标（例如链路时延和丢包率等），一条端到端路径的性能指标等于路径上所有链路性能指标的叠加。因此，代数计算方法首先可以用一个方程组的形式将已知的路径测量数据与未知的链路性能指标关联起来，然后使用线性代数的理论与方法求解该方程组，从而获得单条链路的性能指标或状态。从测量指标的取值情况来看，基于代数计算的网络断层扫描有布尔形式和常规形式两种类型。当管理员想要测量的是链路的拥塞与否时（此时测量指标为二元的），基于网络中同时拥塞链路数目较少的假设，文献［71-73］利用压缩感知技术从给定的端到端路径测量数据中识别存在拥塞的链路。简单地说，文献［71-73］通过引入一个用于判断链路拥塞与否的阈值，将链路时延小于阈值的数值转化为零，在压缩感知技术处理后可以有效地找出时延大于阈值的链路，即识别拥塞链路。针对链路故障（或失效）的监测与定位，Ahuja等人[74]从网络拓扑与监测节点部署的角度，分析了拓扑结构、监测节点数量和链路故障定位三者之间的内在联系，并证明了在允许测量路径包含环路时链路通信故障的可识别性条件：当且仅当网络拓扑是 $(k+2)$-边连通时，部署 1 个监测节点即可定位任意 $k(k \geqslant 1)$ 条链路的故障，即实现任意 k 条链路故障的可识别性（identifiability）。该结论为后续探测包的发送、收集和数据分析奠定了基础。基于链路故障的可识别性条件，Ahuja 等人[74] 还提出了一个最优的监测节点部署算法，通过在网络中部署最少数目的监测节点，以便准确定位任意 k 条链路的通信故障。

相比之下，链路性能指标可以是任意值的测量问题要复杂得多。当一条链路（例如 $v_1 v_2$）的性能在其不同通信方向上（例如 $v_1 \rightarrow v_2$ 和 $v_2 \rightarrow v_1$）具有不同的表现时（即网络拓扑是有向的），Xia 等人[28] 形式化证明了只有在网络中所有节点都是监测节点的情况下，才可以保证所有链路性能指标的可识别性。进一步，Gurewitz 等人[29] 证明了当仅使用环路形式的测量路径时，即使网络中每个节点都是监测节点，也无法精确测量所有链路的性能指标。另外，当链路性能在其不同通信方向上的表现一致时（即网络拓扑是无向的），文献［32-33，49，75］提出了基于探测包往返时间（Round-Trip Time，RTT）的逐跳式链路时延测量方法。这些逐跳式测量方法虽然实现简单，但是需要网络所有节点都支持 ICMP。在实际网络中，如果防火墙或网络节点启用了 ICMP 报文过滤功能，那么逐跳式测量方法将无法使用。此外，在实际路由协议以及 ICMP 请求-应答机制的限制下，监测节点上探测包发送与接收的路由路径可能是不对称的，从而影响测量结果的准确性。鉴于逐跳式测量方法的上述缺陷，很多网络测量领域的工作关注于端到端测量方法（即网络断层扫描）的可行性。

在网络断层扫描方法设计上，需要解决的一个基本问题是：在一个给定的网络拓扑中，如何部署最少数目的监测节点，以便实现对网络所有链路性能的精确测量。由于网络断层扫描方法的有效性取决于监测节点之间的端到端测量数据，而测量数据的收集依赖于探测包的路由策略，所以监测节点的部署需要考虑探测包路由策略的影响。在传统 IP 网络中，随着网络规模的日益扩大和应用服务的日益复杂，管理员对网络数据包路由的控制变得比较困难。Bejerano 等人[33,75] 研究基于网络默认路由协议的链路性能识别问题，并证明在默认路由（即不可控路由）策略下监测节点的部署问题是一个 NP 难问题。Horton 等人[32] 考虑了部分网络节点路由可控的情况，并证明了当存在部分节点可以控制其本地路由时，部署最少数目的监测节点以便获得网络所有链路性能指标的问题仍然是 NP 难的。鉴于此，Mahajan 等人[34] 研究了在特定路由协议（例如 OSPF 和 IS-IS）下的链路性能测量问题，并基于网络节点的连接信息推算出自治系统内链路性能指标的近似值。随着通信技术的发展，相比传统 IP 网络，一些新型网络（例如物联网和软件定义网络）具有更好的路由可控性[76-78]。在这些新型网络中，数据包的路由路径可以被服务器或控制器预先指定，从而实现完全可控的路由策略。为此，Gopalan 等人[30] 首先分析了可累加链路指标的可识别性与网络拓扑结构及监测节点部署的关系，推导出在允许测量路径包含环路时链路性能的可识别性条件：当且仅当网络拓扑是 3-边连通图时，部署 1 个监测节点即可实现对所有链路性能指标的测量。基于该链路可识别性条件，Gopalan 等人[30] 还提出了一个多项式时间复杂度的监测节点部署算法，通过在网络中部署最少的监测节点，以便推算出所有链路性能指标的确切值。Alon 等人[31] 研究了不同形式（可累加和不可累加）链路性能指标的测量问题，并推导出为了获得所有链路性能指标所需要测量的端到端路径数目的最小值。

虽然这些早期工作为网络断层扫描方法的设计提供了重要的理论基础，但是很多实际应用禁止数据包在网络中兜圈子（即禁止路由循环），从而降低了基于环路测量路径的网络断层扫描方法的通用性。随后，有些工作提出了基于非环路形式测量路径的网络断层扫描方法。Ma 等人在文献 [79] 中推导了当使用不经过重复节点的测量路径（即简单路径）时，网络中所有链路都可识别的（identifiable）拓扑条件：当网络拓扑是 3-点连通图时，需要部署 3 个监测节点才可以实现对所有链路性能的测量。基于此，Ma 等人设计了一个最优的监测节点部署算法 MMP[79]。

存在的问题：上述这些网络测量研究工作均旨在实现对整个网络的可识别性，想要获得网络所有链路性能指标（或运行状态）的确切值，即大多数已有工作提出的是精度（确切的性能指标）及粒度（单条链路）固定的网络测量方法。然而，在实际应用中这些测量方法存在两个明显的问题。首先，由于网络连通性和路由协议等的限制，所以测量网络所有链路性能指标的目标难以实现。其次，测量链路性能指标的确切值往往会造成不可忽略的开销，尤其对于大规模网络来说，需要在网络中部署很多监测节点和发送大量探测包。为此，本书将提出一种精度及粒度可调的网络测量方法以便有效地解决上述问题。

2.3　静态拓扑的网络测量技术

考虑到为了测量所有链路的性能指标，即使是最优的算法也可能需要在网络中部署不少监测节点，例如 ISP 网络中 84% 的节点作为监测节点[80]。因此，越来越多的工作关注实现部分网络的可识别性。针对两个监测节点的部署问题，文献［81］研究了两个监测节点下的链路可识别性条件，并提出了一个高效的链路可识别性判定算法 DIL-2M，以便快速地判断出在一个部署了两个监测节点的网络拓扑中所有可识别的链路。基于链路可识别性判定算法 DIL-2M，文献［81］通过枚举部署和可识别链路数目比较的方式，设计了一个最优的监测节点部署算法，通过在网络中部署两个监测节点，实现可识别链路数目的最大化。针对更大数目监测节点的部署问题，枚举所有节点部署的方式容易造成指数级时间复杂度，难以扩展到大规模网络的场景。为此，文献［35］提出了一种启发式监测节点部署算法 GMMP。具体地，GMMP 首先选取网络中可供监测节点部署的候选节点，然后通过枚举候选节点部署和比较可识别链路数目的方式，实现对给定的 $k(k \geqslant 2)$ 个监测节点的近似最优部署。GMMP 算法虽然可以有效地解决在给定监测节点数目时可识别链路数目最大化的问题，即最大化链路可识别性，但是难以保证对网络中特定链路的性能测量。

然而，在有些应用中服务提供商与管理员只需要获取网络某些链路（例如网络关键位置上的链路）的性能指标。为了提高网络断层扫描的灵活性，Dong 等人[82-83] 提出了目标链路的概念，并将网络中需要测量的链路定义为目标链路。接着，Dong 等人设计了一个网络拓扑的裁剪算法 Scalpel[82]，通过裁剪拓扑中不相关的连通分支，以便降低对目标链路性能测量的复杂性。然后，Dong 等人提出了一种最优的监测节点部署算法 OMA[82]，通过在裁剪后剩余的图中部署最少的监测节点，实现对原网络拓扑中所有目标链路性能的测量。

对于链路通信故障（或失效）的定位问题（此时测量指标为二元的），以及客户端-服务器的网络通信模式，Duffield 等人[84] 提出了一种简便的链路故障定位算法，基于客户端与服务器之间路由的相似性，可以使用少数几组端到端的测量数据检测和定位网络中发生故障的链路。虽然网络节点的故障可以映射到网络链路的故障，但是转换后的网络模型可能并不符合链路故障定位方法的假设，例如不包含重复链路的测量路径。为此，有些研究考虑了网络节点通信故障的定位问题。文献［85-87］研究了在给定监测节点部署的网络中，当使用不同路由机制（任意可控路由、可控无环路由和不可控路由）时节点故障的识别问题。具体地讲，文献［85-86］计算了在一个特定的网络节点集合中最多可以同时发生故障的节点数目以及给定允许的节点故障数目时可以准确识别运行状态的网络节点集合。针对基于客户端-服务器通信模式的网络，服务器节点通常具有更好的可控性和计算能力，He 等人[88] 提出了一种服务器节点部署算法，通过收集服务器节点与客户端之间的路径运行状态信息，最大化可识别的故障节点的数目。Bartolini 等人[89] 基于给定的测量路径数目、路由机制和网络拓扑结构（例如树状拓扑和网状拓扑）等信息，推导了网络中可识别故障节点的最大数目，从而为拓扑结构设计和数据包路由选择等提供理论指导。

存在的问题： 上述这些研究工作所提出的方法的实现需要基于准确的网络拓扑信息，它们假设在网络运行过程中拓扑结构是固定不变的，同时数据包路由也是稳定的。然而，在很多实际应用场景中，网络路由和拓扑可能会随时间动态切换和动态更新[65]，例如节点位置移动的自组织网络和车联网、信道质量及环境干扰动态变化的无线传感网络。因此，本书将提出一种面向动态路由拓扑的网络测量方法以保证链路性能测量在路由及拓扑发生变化时的有效性。

2.4 通信可靠的网络测量技术

在网络端到端的间接测量方式（即网络断层扫描）中，网络内部链路性能信息的获取依赖于端到端的测量数据。而端到端测量数据的收集取决于部署的网络监测节点和使用的测量路径（即探测包经过的路由路径）。因此，监测节点部署和测量路径选取成为端到端测量方式中的关键问题。在监测节点部署方面，Gopalan 等人[30] 研究了在允许测量路径包含环路时（即测量路径可以经过重复的节点）链路性能的可识别性条件，并提出了相应的监测节点部署算法，可以在任意一个网络拓扑中部署最少的监测节点，以便确保对所有链路性能指标的测量。另外，Ma 等人[79] 研究了在不允许测量路径包含环路时（即测量路径不能经过重复的节点）网络链路性能的可识别性条件，并提出了一种最优的监测节点部署算法。注意到服务提供商与用户有时更加关注的是网络端到端的服务质量（例如客户端与服务器之间的通信时延），

Yang 等人[36] 考虑了网络节点之间通信路径的性能测量问题，推导了基于网络断层扫描技术的路径性能可识别性条件，并给出了一种最优的监测节点部署算法，通过部署最少的监测节点，实现对网络中特定路径的性能测量。

另外，近些年很多工作从线性代数的角度对测量路径的构造问题进行了研究。当允许测量路径包含环路时，Gopalan 等人[37] 设计了一种基于给定监测节点的线性无关测量路径的构造方法，并证明了网络其他路径都与方法构造的路径线性相关，即所提出的方法可以获得监测节点之间一组最大数目的线性无关路径。在测量路径没有环路的情况下，Wing 等人[90] 推导了多种网络拓扑（有向拓扑和无向拓扑）中线性无关路径数目的界限值，该结果为网络测量路径的构造提供了参考。然而，他们给出的只是理论上的分析，对于一个特定网络，其线性无关路径数目的最大值与链路可识别性的关系仍然是未知的。为此，Ma 等人[91] 提出了一种多项式时间复杂度的测量路径构造算法 STPC，从而可以在部署的监测节点之间构造一组线性无关且不含环路的测量路径，并基于这些测量路径的端到端信息推算出所有网络链路的性能指标。

网络探测包流量的大小在很大的程度上取决于测量路径的使用数量[92-94]。为了降低探测包流量对网络通信的影响和网络资源的消耗，有些工作关注对网络测量路径的选取。针对网络通信路径的性能测量问题，Chen 等人[38] 基于给定的网络拓扑提出了一个测量路径选取方法，从网络节点之间所有的候选路径中选取一组数目最少的线性无关路径，通过测量所选路径的时延和丢包率，推测网络节点之间其他通信路径的时延和丢包率。为了说明所提出的路径选取方法的可扩展性，Chen 等人[38] 还形式化分析了在任意规模的网络中路径选取数目的界限值。针对网络链路性能测量问题，Tang 等人[95] 基于网络拓扑和路径相关性信息，设计了一种有效的路径选取方法，通过收集选取的端到端路径的性能数据，推断单条链路性能的界限值。此外，针对网络中特定链路（即目标链路）性能的识别问题，Zheng 等人[39] 基于给定的监测节点之间的一组候选路径提出了一种启发式测量路径选取方法 PathSelection。为了减少测量路径的使用数量，PathSelection 首先确定两类冗余的测量路径：可以被其他路径代替的路径和对目标链路识别没有影响的路径。接着，PathSelection 采用二分图模型刻画每一条目标链路识别与候选路径组合的关系。最后，PathSelection 从二分图中迭代式地找出一组可以识别所有目标链路且数目最少的路径作为网络断层扫描使用的测量路径。

存在的问题：上述这些研究工作均假设在测量过程中网络通信和探测包收集都是稳定及可靠的，没有考虑网络通信失效（或故障）的情况。然而，网络通信失效在实际场景中变得越来越常见，例如链路长时间拥塞和节点位置变更等。

当一个网络发生通信失效（例如链路失效）时，原来能使用的测量路径将不可用，从而使原来可识别的链路变得不可识别，这对网络测量的有效性产生很大影响。因此，本书将设计一种稳健的网络测量技术，以保证在网络通信失效时链路性能的可识别性以及测量任务的顺利进行。

2.5 本章小结

本章首先介绍了与网络测量相关的概念，包括当前网络测量的主要研究范围和测量方法的分类。其中，网络性能测量和基于网络断层扫描的端到端测量方式受到了学术界广泛的关注与研究。其次，本章描述了关于网络断层扫描测量技术的研究现状。表 2.1 总结了与现有网络断层扫描方法相关的研究成果。

表 2.1　与网络断层扫描方法相关的研究成果

文献	研究目标	网络模型	测量路径	问题难度
Bejerano 等人[33,75]	部署最少监测节点实现对网络所有链路的性能测量	静态、有失效	不可控	NP 难问题
Gopalan 等人[30]	部署最少监测节点实现对网络所有链路的性能测量	静态、无失效	可控、有环路	P 问题
MMP[80]	部署最少监测节点实现对网络所有链路的性能测量	静态、无失效	可控、无环路	P 问题

（续）

文献	研究目标	网络模型	测量路径	问题难度
OMP[81]	部署 2 个监测节点实现对网络可识别链路数目的最大化	静态、无失效	可控、无环路	P 问题
GMMP[35]	部署 k（$k \geqslant 2$）个监测节点实现对可识别链路数目的最大化	静态、无失效	可控、无环路	NP 完全问题
Scalpel[82] OMA[83]	部署最少监测节点实现对所有优先链路的性能测量	静态、无失效	可控、无环路	P 问题
Ahuja 等人[74]	部署最少监测节点实现对 k（$k \geqslant 1$）条链路失效的定位	静态、有失效	可控、有环路	P 问题
Ma 等人[85-86]	部署最少监测节点实现对 k（$k \geqslant 1$）个节点失效的定位	静态、有失效	可控、无环路	P 问题
He 等人[88]	部署最少监测节点实现对单个节点失效的定位	静态、有失效	不可控	P 问题
CLIC[37]	在给定的监测节点之间构造一组测量路径实现对最大数目链路性能的测量	静态、无失效	可控、有环路	P 问题
STPC[91]	在给定的监测节点之间构造一组测量路径实现对所有链路性能的测量	静态、无失效	可控、无环路	P 问题
Chen 等人[38]	从给定的候选路径中选取一组最少数目的测量路径实现对所有其他路径性能的测量	动态、有失效	不可控	P 问题

（续）

文献	研究目标	网络模型	测量路径	问题难度
Zheng 等人[39]	从给定的候选路径中选取一组最少数目的测量路径实现对所有目标链路性能的测量	静态、无失效	不可控	NP 难问题

　　从表 2.1 中可以看出，当前学术界已经提出许多网络断层扫描的理论和方法，但这些理论和方法的设计在测量精度、测量粒度、网络拓扑和网络通信等方面都带有比较严格的规定及假设。这些规定及假设的使用虽然有利于方法的评估与演变，但是也给方法的实际应用和推广带来了局限性。

第 3 章

基于界限值推断的链路测量技术

3.1 需求与挑战

　　现有网络断层扫描测量方法大多数旨在实现对网络所有链路性能指标确切值的测量。然而，受拓扑结构和路由策略等的限制，测量所有链路性能指标确切值的目标往往会给管理员和网络正常通信带来很大的开销及负担，例如，需要将ISP 网络中 84%的节点部署为监测节点以及发送大量的探测包。在测量预算与网络负载能力十分有限的情况下，只允许在网络中部署少数的监测节点和产生少量的探测流量，这将难以保证对所有链路性能的可识别性，即网络中存在一定数目的不可识别链路。而现有方法无法提供任何有关不可识别链路性能的信息。为此，本书设计并实现一种基于界限值推断的链路测量技术，在满足实际应用需求的同时，通过灵活调整链路性能测量的精度，尽可能地减少测量的开销。在这个过程中，存在多方面的需求与挑战。

3.1.1　测量精度与测量开销平衡

在网络断层扫描中，所有性能指标的监测与推断都以端到端的测量数据为基础。因此，如何获取相关的端到端数据成为网络断层扫描研究的一个关键问题。网络断层扫描中的测量数据是通过监测节点收集的，不同的监测节点部署可能会生成不同的端到端测量数据，从而也可能会得到不同的测量结果。例如，对于一个只连接了两条链路（l_1 和 l_2）的网络节点 v 来说，当节点 v 不是监测节点时，通过已部署监测节点之间端到端且不经过重复节点的路径测量，只可能得到 l_1 和 l_2 两条链路性能的综合值，而不能获得这两条链路单独的性能值。另外，将网络中的节点部署为监测节点需要一定的成本与开销，包括软件/硬件的部署成本以及人力的开销等。为此，很多国内外工作研究了网络断层扫描在不同网络模型和路由机制下的监测节点部署问题[30,32-33,75,79]。总体上，这些工作主要解决了两个基本问题：

（1）在何种网络拓扑、探测包路由策略以及监测节点部署方式下，可以保证网络所有链路性能指标的可识别性？

（2）在一个给定的网络拓扑中，如何部署最少的监测节点，以便精确测量网络中所有链路的性能指标？

在这两个问题上，现有工作在不同网络场景下分别提出了相应的最优的监测节点部署算法。然而，即便使用最优的

监测节点部署算法，有时候也可能需要在网络中部署不少监测节点。表 3.1 显示了一种基于可控无环测量路径的监测节点部署算法 MMP[79] 在 4 个实际 ISP 网络拓扑中部署的监测节点数目（表中 $|L|$ 表示网络链路数目，$|V|$ 表示网络节点数目，k_{MMP} 表示 MMP 算法部署的监测节点数目）。从表中可以看出，要想测量网络中所有链路性能指标的确切值，需要将网络中 60%以上的节点部署为监测节点，这将造成很大的测量开销。

表 3.1　ISP 网络拓扑的监测节点部署数量

Topology	$|L|$	$|V|$	k_{MMP}	$k_{MMP}/|V|$
AS15706	874	325	276	0.84
AS9167	1590	769	483	0.62
AS8717	3755	1778	1266	0.71
AS4761	3760	969	624	0.64

　　在很多应用中，服务提供商和网络管理员关心的是链路性能的瓶颈，而用户关心的通常是链路性能是否符合与运营商签订的服务水平协议 SLA 的要求。此时，服务提供商和网络管理员可以不必获取链路性能指标的确切值，只需要知道链路性能指标的界限值即可。更为重要的是，通过调整链路性能指标测量的精确度，可以有效地降低测量的成本与开销。因此，在满足实际应用需求的前提下，尽可能地平衡链路性能测量的精度与测量的开销显得尤为重要。

3.1.2　链路性能界限值推断

实现对网络所有链路性能指标的精确测量，通常需要在网络中部署不少监测节点，容易带来很高的测量成本与开销。为此，有些研究工作专注于测量网络一部分链路的性能指标[35,81,83]。总体上，这些工作要么通过部署特定数目的监测节点以便实现对尽可能多链路的性能测量，要么通过部署最少监测节点以便实现对网络中一组特定链路的性能测量。虽然减小网络测量的范围（例如链路测量的数目）有利于减少测量的开销，但是对网络中未被覆盖或未能测量的链路性能一无所知。然而，这些未被覆盖到或未能测量到的链路性能仍然可能是服务提供商和网络管理员关注的重点。例如，对位于网络关键位置或被用户投诉的链路服务质量（quality of service，QoS）的检测。此时，获取这些未被覆盖或未能测量的链路性能的界限值显得非常有必要。

因此，在降低测量开销的同时，高效地推断所有网络链路性能指标的界限值也是精度可调链路测量的一个重要需求及挑战。

3.2　设计与实现

本节将详细阐述如何在满足链路测量需求的同时有效地减少测量的成本与开销。首先，本节将给出链路性能界限值问题的定义，其中包括对网络模型的描述。其次，本节将介绍一些与算法设计相关的图论概念。再次，本节将重点描述网络链路性能界限值推断算法以及新监测节点的部署算法。最后，本节给出形式化的理论分析，以说明所提出的算法的最优性以及复杂度。

3.2.1 链路性能界限值的定义

本章将一个网络拓扑刻画成一个无向图（undirected graph）$G = (V(G), L(G))$ 的形式，其中 $V(G)$ 和 $L(G)$ 分别为网络的节点集合与链路集合。这里，每个节点可以表示一个终端设备、路由器或者一个包括多个终端设备及路由器的子网。本章假设网络中每条链路都拥有两个不同的端点以及任意两个节点之间最多只有一条直接相连的链路。两个网络节点之间的连接称为路径（path），每条路径可能包含一条或者多条首尾相接的链路。此外，本章用 $l_{i,j}$ 表示节点 v_i 和节点 v_j 之间的链路，同时假设一条链路上的性能指标在其不同方向上是一样的，即链路 $l_{i,j}$ 的性能指标（例如时延、丢包率等）和链路 $l_{j,i}$ 的性能指标是相等的。在网络测量期间，链路性能指标保持不变或其统计特征（例如均值）是稳定的。在网络 G 中，将需要测量性能的链路（即目标链路或优先链路）的集合记为 $I(I \subseteq L(G))$。为了提高测量的灵活性，目标链路集合 I 既可以包含网络中所有的链路（即 $I = L(G)$），也可以是网络中任意的一组链路。

为了通过网络断层扫描技术估算目标链路的性能指标，需要选取网络的部分节点作为监测节点（可以通过硬件或软件方式实现）。接着监测节点之间可以沿着一组路由路径（即测量路径）发送和接收探测包，从而得到这些测量路径端到端的性能数据。需要注意的是，当网络采用不同的路由策略时，测量路径的形式也可能是不一样的。例如，如果所有网络节点都支持源路由机制（source routing）[97]，那么监测节点可以严格地控制和指定测量过程中每一个探测包的路由路径。因此，在源路由机制下，测量路径可以是监测节点之间一组任意形式的路径，例如经过重复节点和重复链路的路径。相反，当探测包路由完全由默认的网络路由协议决定时，测量路径将是监测节点之间一组特定形式的路径，例如最短路径。这里，本章假设一个网络监测节点可以控制探测包的路由，使探测包经过一条不包含环路（即不经过重复节点）的路由路径到达另一个监测节点。

对于一个含有 n 条链路的网络 G（即 $n = |L(G)|$），用 $\{l_i\}_{i=1}^{n}$ 表示 G 中的链路集合，以及用 $\boldsymbol{x} = (x_1, \cdots, x_n)^{\mathrm{T}}$ 表示所有链路的性能指标，其中 x_i 表示链路 l_i 的性能。给定监测节点之间的一组测量路径 $\{p_i\}_{i=1}^{\gamma}$，用 $\boldsymbol{c} = (c_1, \cdots, c_\gamma)^{\mathrm{T}}$ 表示所有测量路径的性能指标，其中 c_i 表示测量路径 p_i 的性能。在很多实际应用中，链路性能指标是可以累加的。例如，多条链路上的总时延是单条链路时延的叠加；多条链路的总丢包率为单

条链路丢包率的乘积，但经过对数函数（log(·)）变换后，也可以表示为单条链路丢包率叠加的形式。如式（3.1）所示，对于可累加的链路性能指标，一条测量路径 p_i 的性能指标值 c_i 等于这条路径上所有链路性能指标值的总和。

$$c_i = \sum_{l_i \in p_i} x_i \tag{3.1}$$

因此，可以用一个线性方程组的形式将已知的路径测量数据与未知的链路性能指标关联起来。

$$\boldsymbol{Rx} = \boldsymbol{c} \tag{3.2}$$

其中，$\boldsymbol{R} = (R_{ij})$ 为一个 $\gamma \times n$ 阶的测量矩阵（measurment matrix），并且测量矩阵 $\boldsymbol{R}$ 的元素值为 0 或 1，即 $R_{ij} \in \{0,1\}$。具体地讲，当测量路径 p_i 经过链路 l_j 时，$R_{ij} = 1$；否则，$R_{ij} = 0$。在形式化表述下，网络断层扫描的目标是在给定 $\boldsymbol{R}$ 和 $\boldsymbol{c}$ 的情况下，通过求解线性方程组（3.2），得到链路性能 $\boldsymbol{x}$ 的确切值或界限值。

如果可以通过求解上述线性方程组（3.2）得到一条链路 l_i 的性能指标 x_i（即链路 l_i 的性能指标 x_i 在方程组（3.2）中有唯一解），那么本章称链路 l_i 为可识别的（identifiable），否则称 l_i 为不可识别的（unidentifiable）。对于不可识别的链路，本章将计算其性能界限区间（即性能范围），以便更好地为网络管理和优化提供数据支撑。为了衡量链路性能界限区间的紧密程度，本章定义一条链路性能指标的误差界为其性能上界值和性能下界值的差值，即其性能界限区间的长度。对于可识别的链路，因为其性能指标值可以由与端到端测量数据对应的线性方程组唯一地确定，所以可识别链路的界限值为同一个数值，即其性能界限区间的上界值等于下界值。相应地，目标链路的总误差界（total error bound of interesting links，简称 TEBI）等于所有目标链路误差界的总和。

为了更加清晰地说明链路性能界限值的推断问题，本章给出一个简单的例子。如图 3.1 所示是一个包含 4 个节点和 6 条链路的网络，其中 v_2 和 v_4 被部署为监测节点，链路 $l_{1,2}$、$l_{1,3}$、$l_{2,3}$ 的性能（例如时延）是需要测量的（即目标链路 $I=\{l_{1,2},l_{1,3},l_{2,3}\}$）。假设网络中 6 条链路对应的时延分别为 $\{x_{1,2}=2, x_{1,3}=5, x_{1,4}=7, x_{2,3}=3, x_{2,4}=4, x_{3,4}=8\}$。需要说明的是，网络测量前服务提供商与管理员并不知道这些链路的时延，只有通过测量并收集两个监测节点之间一组端到端路径的时延，才可能获得单条链路的时延。

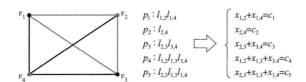

图 3.1　网络链路性能界限值推断示例

从监测节点 v_2 发出的一组探测包，可以沿着不同的测量路径到达监测节点 v_4。图 3.1 中列出了 5 条可能的测量路径（p_1-p_5）以及与这些测量路径对应的线性方程组。由这个线性方程组，可以计算链路 $l_{1,3}$ 和链路 $l_{2,4}$ 的时延：

$$\begin{cases} x_{1,3} = \dfrac{c_4 + c_5 - c_3 - c_1}{2} \\ x_{2,4} = c_2 \end{cases} \tag{3.3}$$

因此，基于测量路径 p_1-p_5 的数据信息，网络中只有链路 $l_{1,3}$ 和链路 $l_{2,4}$ 是可识别的，而其他链路是不可识别的。同时，根据已有链路可识别性判定的结论[81]，在监测节点 $\{v_2, v_4\}$ 的部署下，无论选择哪些不经过重复节点的测量路径来发送和接收探测包，都无法求解除了 $l_{1,3}$ 和 $l_{2,4}$ 以外其他链路的时延。对于网络中不可识别的目标链路 $l_{1,2}$ 和 $l_{2,3}$，基于本章提出的最紧性能界限值推断算法，可以得到这些链路时延的界限区间：$B(x_{1,2}) = [0, 9]$，$B(x_{2,3}) = [1, 10]$。此时，目标链路 $\{l_{1,2}, l_{1,3}, l_{2,3}\}$ 的性能总误差界为 $18 = (9-0) + 0 + (10-1)$。

从上述例子中可以看出，端到端测量路径的数据以及监测节点的部署会对链路可识别性及链路性能界限值的推断产生很大影响。为此，本章从以下两个方面考虑目标链路性能界限值的测量问题：

（1）目标链路性能界限值的计算：在一个给定监测节点、目标链路和端到端测量数据的网络中，如何高效地计算所有目标链路性能指标的最紧界限值（包括最紧的上界值和最紧的下界值）？

（2）新监测节点的部署：在一个给定初始监测节点和目标链路的网络中，如何通过部署额外的监测节点以便进一步提高目标链路性能界限区间的紧密性（即减小目标链路性能界限区间的长度)?

值得说明的是,通过对上面两个关键问题的求解将有助于满足服务提供商与网络管理员在不同阶段的链路性能测量需求。例如,在网络正常运行阶段,服务提供商与管理员关注的是如何通过已有监测节点有效地计算目标链路性能的界限值;在网络升级和维护阶段,关注的是如何部署更多的监测节点以便提高目标链路性能界限区间的紧密性。接下来本章将对目标链路性能指标界限值的计算和新监测节点的部署问题进行深入研究,并分别给出一种有效的解决方法。

3.2.2 图论相关概念

在描述本章的算法设计前,本节先介绍一些后文中会用到的图论概念[98-99]。

连通图(connected graph):在一个图中,如果从节点 v_i 到节点 v_j 之间至少有一条路径(可以是单条链路)相连,就称节点 v_i 和节点 v_j 是连通的。如果一个图中任意两个节点都是连通的,那么称该图是连通图。

度数(degree):在一个图中,以节点 v 为端点的链路的数目称为节点 v 的度数。

平凡图:由一个孤立节点(即度数为 0 的节点)组成的图称为平凡图。

完全图:如果一个图的每一对不同节点之间都有一条链

路相连，就称该图为完全图。

k-点连通图：使连通图 G 成为不连通图或者平凡图所需要删除的最少节点个数称为图 G 的点连通度。如果图 G 的点连通度不小于 k，就称图 G 是 k-点连通图。

k-点连通分支（k-vertex-connected component）：图 G 的 k-点连通分支是 G 的一个极大连通子图，且满足以下两条性质中的一个：

①该子图是一个 k-点连通图；

②该子图是一个有 k 个节点的完全图。当 $k=2$ 时，称该子图是图 G 的 2-点连通分支。当 $k=3$ 时，称该子图是图 G 的 3-点连通分支。

由定义可知，一个 2-点连通分支至少包含 2 个节点，可以是一条链路。一个 3-点连通分支至少包含 3 个节点，可以是一个三角形的完全图。此外，已有图论算法[100-101]可以在线性时间内将一个连通图划分为多个 2-点连通分支以及 SPQR 分支。其中，SPQR 分支包括 3-点连通分支和环分支[101]。环分支中节点度数都为 2，且各链路首尾依次相接。

割点（cut-vertex）：如果删除连通图 G 中的一个节点（及与其相连的链路）后使图 G 变得不连通，就称该节点是图 G 的一个割点。

2-点割集（2-vertex cut）：如果删除连通图 G 中的一对

节点 $\{v_1, v_2\}$ 使图 G 不连通，而仅删除 v_1 或 v_2 都不能使图 G 变得不连通，就称 $\{v_1, v_2\}$ 为图 G 的一个 2-点割集。同时，称连接一个 2-点割集中两个节点的链路为 cut-l。

分割节点（separation vertex）：将连接图 G 中的割点及 2-点割集中的节点称为图 G 的分割节点。

下面使用图 3.2 中的例子说明上述图论的相关概念。图 3.2 所示为一个包含两个 2-点连通分支的连通图。其中，2-点连通分支 A 和 2-点连通分支 B 通过一个割点 v_c 连接。另外，2-点连通分支 A 可以进一步划分为一个环 C 和一个 3-点连通分支 D。其中，环 C 和 3-点连通分支 D 通过一个 2-点割集 $\{v_1, v_2\}$ 连接，而连接 v_1 和 v_2 的链路为一条 cut-l。

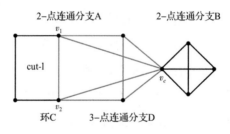

图 3.2   图论相关概念示例

3.2.3   最紧链路性能界限值推断算法

本节关注在实现精度可调链路测量技术过程中面临的一个关键问题：对于一个给定监测节点部署、目标链路和端到端测量数据的网络，如何高效地推算这些目标链路性能指标的最紧界限值？在基于网络断层扫描的测量方法中，（可累加的）链路性能与端到端测量数据的关系可以用一个线性方程组的形式表示。为此，接下来本节首先简要分析一个线性方程组的求解情况及其解空间，接着描述在计算目标链路性能界限值时方程组自由变量的选择策略。最后，综合阐述所设计的一种有效的目标链路最紧性能界限值的推断算法。

3.2.3.1 线性方程组的解空间

在一个给定的监测节点部署和端到端测量数据的网络中，基于断层扫描的链路测量方法本质上通过求解一个与端到端测量数据对应的线性方程组，推算网络内部链路的性能与状态。为了便于分析，本节使用一个简单的例子说明在线性方程组中对链路性能可识别性的判定。

图 3.3 所示是一个包含 6 个节点和 9 条链路的网络拓扑，其中 v_1 和 v_6 被部署为监测节点，链路 $l_{1,2}$、$l_{3,5}$ 和 $l_{5,6}$ 为目标链路（即 $I=\{l_{1,2}, l_{3,5}, l_{5,6}\}$）。为了识别这些目标链路的性能，在两个监测节点之间构造了 8 条端到端的测量路径（p_1-p_8）。用 $x_{i,j}$ 表示链路 $l_{i,j}$（在节点 v_i 与 v_j 之间）的性能指标值，c_i 表示测量路径 P_i 的性能数据。对于可累加的链路性能指标来说，基于这些测量路径的信息，可以构建以下线性方程组：

$$\begin{cases} x_{1,2}+x_{2,4}+x_{4,6}=c_1 \\ x_{1,3}+x_{3,5}+x_{5,6}=c_2 \\ x_{1,3}+x_{3,4}+x_{4,6}=c_3 \\ x_{1,2}+x_{2,4}+x_{3,4}+x_{3,5}+x_{5,6}=c_4 \\ x_{1,2}+x_{2,5}+x_{5,6}=c_5 \\ x_{1,3}+x_{3,5}+x_{2,5}+x_{2,4}+x_{4,6}=c_6 \\ x_{1,2}+x_{2,3}+x_{3,5}+x_{5,6}=c_7 \\ x_{1,3}+x_{2,3}+x_{2,4}+x_{4,6}=c_8 \end{cases} \qquad (3.4)$$

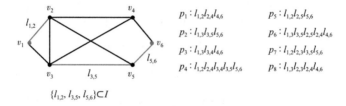

$p_1: l_{1,2}l_{2,4}l_{4,6}$ $p_5: l_{1,2}l_{2,5}l_{5,6}$

$p_2: l_{1,3}l_{3,5}l_{5,6}$ $p_6: l_{1,3}l_{3,5}l_{2,5}l_{2,4}l_{4,6}$

$p_3: l_{1,3}l_{3,4}l_{4,6}$ $p_7: l_{1,2}l_{2,3}l_{3,5}l_{5,6}$

$p_4: l_{1,2}l_{2,4}l_{3,4}l_{3,5}l_{5,6}$ $p_8: l_{1,3}l_{2,3}l_{2,4}l_{4,6}$

$\{l_{1,2},l_{3,5},l_{5,6}\}\subset I$

图3.3　含有两个监测节点（v_1和v_6）的简单拓扑示例

从式（3.4）的线性方程组中，可以推算链路$l_{2,3}$、链路$l_{2,4}$、链路$l_{2,5}$、链路$l_{3,4}$和链路$l_{3,5}$的性能：$x_{2,3}=(c_7-c_1+c_8-c_2)/2$，$x_{2,4}=(c_4-c_3+c_8-c_7)/2$，$x_{2,5}=(c_5-c_1+c_8-c_2)/2$，$x_{3,4}=(c_3-c_1+c_4-c_2)/2$，$x_{3,5}=(c_6-c_5+c_7-c_8)/2$。因此，基于监测节点$\{v_1,v_6\}$和测量路径（$p_1-p_8$）的数据信息，链路$l_{2,3}$、链路$l_{2,4}$、链路$l_{2,5}$、链路$l_{3,4}$和链路$l_{3,5}$是可识别的。由于方程组（3.4）中变量$\{x_{2,3},x_{2,4},x_{2,5},x_{3,4},x_{3,5}\}$的值是已知的，

所以可以把这些变量移到方程组的右侧，从而得到一个简化的线性方程组：

$$\begin{cases} x_{1,2}+x_{4,6}=c_1-x_{2,4}=c_1' \\ x_{1,3}+x_{5,6}=c_2-x_{3,5}=c_2' \\ x_{1,3}+x_{4,6}=c_3-x_{3,4}=c_3' \\ x_{1,2}+x_{5,6}=c_4-x_{2,4}-x_{3,4}-x_{3,5}=c_4' \end{cases} \quad (3.5)$$

并且方程组（3.5）可以表示成 $\boldsymbol{R}'\boldsymbol{x}=\boldsymbol{c}'$ 的形式，其中

$$\boldsymbol{R}'=\begin{pmatrix} 1 & 0 & 0 & 0 & 0 & 0 & 0 & 1 & 0 \\ 0 & 1 & 0 & 0 & 0 & 0 & 0 & 0 & 1 \\ 0 & 1 & 0 & 0 & 0 & 0 & 0 & 1 & 0 \\ 1 & 0 & 0 & 0 & 0 & 0 & 0 & 0 & 1 \end{pmatrix} \quad (3.6)$$

$$\boldsymbol{x}=(x_{1,2},x_{1,3},x_{2,3},x_{2,4},x_{2,5},x_{3,4},x_{3,5},x_{4,6},x_{5,6})^{\mathrm{T}} \quad (3.7)$$

$$\boldsymbol{c}'=(c_1',c_2',c_3',c_4')^{\mathrm{T}} \quad (3.8)$$

根据线性代数的理论知识，只有当线性方程组的系数矩阵可逆（或满秩）时，线性方程组中的所有变量才有唯一解。对于线性方程组（3.5）来说，其系数矩阵 $\boldsymbol{R}'$（式（3.6））不是满秩的（即矩阵 $\boldsymbol{R}'$ 的秩小于9），所以线性方程组（3.5）不可逆且包含没有唯一解的变量，即网络中存在不可识别的链路（$l_{1,2}$、$l_{1,3}$、$l_{4,6}$ 和 $l_{5,6}$）。

在线性代数中，一个不可逆的线性方程组的解将构成一个解空间（soulution space），其中没有唯一解的变量可以分为自由变量（free variables）和非自由变量（non-free variables）两

类，并且每一个非自由变量可以用自由变量线性表示。具体地讲，对于一个具有 n 个变量的线性方程组 $\mathbf{R}\mathbf{x}=\mathbf{c}$ 来说，当其系数矩阵 $\mathbf{R}$ 的秩为 r 时，方程中将具有 $(n-r)$ 个自由变量[102]。然而，在很多时候，方程组的自由变量组合方式可能并不唯一，甚至存在方程组中任意 $(n-r)$ 个变量都是自由变量的情况。以图 3.3 中的目标链路性能 $x_{1,2}$、$x_{3,5}$ 和 $x_{5,6}$ 为例，对于没有唯一解的 $x_{1,2}$ 和 $x_{5,6}$，当在方程组（3.5）中选择 $x_{4,6}$ 作为自由变量时，$x_{1,2}$ 和 $x_{5,6}$ 的解可以表示成如下形式：

$$\begin{cases} x_{1,2}=c_1'-x_{4,6} \\ x_{5,6}=c_2'-c_3'+x_{4,6} \end{cases} \tag{3.9}$$

而当在方程组（3.5）中选择 $x_{1,3}$ 作为自由变量时，$x_{1,2}$ 和 $x_{5,6}$ 的解变为如下形式：

$$\begin{cases} x_{1,2}=c_1'-c_3'+x_{1,3} \\ x_{5,6}=c_4'-x_{1,2} \end{cases} \tag{3.10}$$

从上述例子中可以看出，一个不可逆线性方程组的解空间在不同的自由变量组合下，可以表示成多种不同的形式。因此，在网络目标链路性能界限值的计算中，需要找出一种使目标链路性能界限区间最紧的解的表示形式。下一小节将详细阐述一种能有效解决该问题的方法。

3.2.3.2　自由变量的选择

一个线性方程组通常可以有很多种不同的自由变量组合

方式。这促使本书在不影响推断结果性能的前提下，尽可能地减小目标链路性能界限值推断过程中自由变量的选择范围。为了方便起见，本小节首先引入邻居变量（neighbor variable）和相关变量（related variable）的概念。

定义 3.1　在一个线性方程组中，变量 x_i 的邻居变量是指与 x_i 同在一个方程的变量。

定义 3.2　在一个线性方程组中，变量 x_i 的相关变量既可以是 x_i 的邻居变量，也可以是与 x_i 的邻居变量同在一个方程的变量。

下面用线性方程组（3.5）来说明上述概念。对于变量 $x_{1,2}$ 来说，由于变量 $x_{4,6}$、$x_{5,6}$ 与 $x_{1,2}$ 同处在一个方程中，所以 $x_{4,6}$ 和 $x_{5,6}$ 是 $x_{1,2}$ 的邻居变量。此外，其他所有的变量（即 $x_{1,3}$、$x_{4,6}$ 和 $x_{5,6}$）都是 $x_{1,2}$ 的相关变量。

注意到方程组中一个变量 x_i 的性能指标界限值主要受其相关变量的影响，可以安全地将与其不相关的变量从自由变量的选择中排除。因此，在计算目标链路的性能界限值时，不需要选择与目标链路不相关的变量作为自由变量。这将有助于减小方程组中自由变量的选择范围。另外，网络链路的可识别性与端到端的测量数据密切相关，而端到端测量数据的收集依赖于使用的测量路径，下面将研究网络监测节点之间测量路径的结构特征。

在一个给定的监测节点的网络 G 中，链路可识别性可以用一个扩展图（extended graph）的形式来表述。具体地讲，对于一个含有$\kappa(\kappa \geqslant 2)$个监测节点的网络$G$，加入两个虚拟监测节点$m_1'$和$m_2'$，同时每个实际监测节点和虚拟监测节点之间增加一条虚拟链路并在两个虚拟监测节点m_1'和m_2'之间也增加一条虚拟链路，本章称新生成的拓扑图为扩展图G_{ex}，如图3.4（a）所示。由于原拓扑G中实际监测节点之间的端到端测量可以转换为扩展图G_{ex}中虚拟监测节点m_1'和m_2'之间的端到端测量（即原拓扑中的端到端测量与扩展图中的端到端测量是一一对应的），并且相比实际监测节点之间的端到端测量，m_1'和m_2'之间的端到端测量不会提供额外的信息，所以原网络拓扑G中的链路可识别性与扩展图G_{ex}中的链路可识别性是一致的，从而可以关注只包含两个监测节点（m_1'和m_2'）的扩展图G_{ex}中的测量路径结构特征。

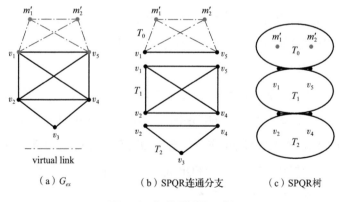

（a）G_{ex}　　　（b）SPQR连通分支　　　（c）SPQR树

图3.4　拓扑扩展图示例

通过将拓扑扩展图G_{ex}划分为多个SPQR分支（即3-点

连通分支和环分支），可以得到以下三个关于 G_{ex} 中连通分支结构方面的特性[103]。

（1）监测节点 m_1' 和 m_2' 处在同一个 3-点连通分支 T_0 里。

（2）注意到一个 SPQR 分支 T 的分割节点（割点或 2-点割集中的节点）决定着 T 与拓扑中其他分支的连接与否，从而对 T 中链路的识别性有着重要影响。这里，将一个 SPQR 分支 T 中的监测节点或使 T 至少与一个其他分支中的监测节点分离的分割节点称为 T 的优势节点（vantage node）。扩展图 G_{ex} 中的每一个 SPQR 连通分支都只有两个优势节点。具体地讲，3-点连通分支 T_0 的优势节点为 m_1' 和 m_2'，而其他连通分支的优势节点为其 2-点割集中的两个节点。

（3）如果将 3-点连通分支 T_0 看作根节点，其他 SPQR 分支看作普通节点，而将两个相邻 SPQR 分支之间的 2-点割集看作连接的边，那么 G_{ex} 中所有的 SPQR 连通分支可以排列成一棵树的形状。

为了更加清晰地说明上述关于扩展图 G_{ex} 的连接特性，本节以图 3.4（a）中的扩展图 G_{ex} 为例。图 3.4（b）所示为 G_{ex} 包含的 3 个 SPQR 连通分支（$\{T_0, T_1, T_2\}$），图 3.4（c）所示为与其对应的一棵 SPQR 树。其中，T_0 和 T_1 为 T_2 的祖先分支，T_2 为 T_1 的孩子分支。

G_{ex} 独特的连接特性，使监测节点 m_1' 和 m_2' 之间的测量路径具有相互嵌套的结构特征，即 m_1' 和 m_2' 之间的任意两条路径都含有一段（或多段）共同的子路径。对于图 3.4（a）中的路径 $m_1'v_1-v_1v_2-v_2v_4-v_4v_5-v_5m_2'$ 和路径 $m_1'v_1-v_1v_2-v_2v_3-v_3v_4-v_4v_5-v_5m_2'$ 来说，$m_1'v_1-v_1v_2$ 和 $v_4v_5-v_5m_2'$ 是它们共同的子路径。另外，随着监测节点之间端到端路径长度的增加，其共同的子路径长度也会增加。更为重要的是，对于一个 SPQR 连通分支 T 中目标链路性能界限值的推断来说，G_{ex} 中测量路径的嵌套结构允许只选择 T 及其祖先分支中链路对应的变量作为自由变量（在 3.2.4 节将形式化证明）。相应地，首先可以利用已有的裁图算法 Scalpel[82] 对扩展图 G_{ex} 中没有不可识别目标链路的连通分支（因为可识别目标链路的性能值已经唯一确定，所以无须再计算其性能界限值）进行裁剪，接着只需要在剩余的拓扑图中选择自由变量，这将有助于进一步减小目标链路性能界限值推断过程中自由变量的选择范围。

3.2.3.3 目标链路最紧性能界限值的推断流程

基于给定的网络端到端测量数据可以很容易地得到方程组中一个变量（即一条链路性能）的自然界限区间（natural bound）。一个变量的自然界限区间定义如下。

定义 3.3 在一个线性方程组中，变量 x_i 的自然界限区间为 $[0, b_i]$，其中 b_i 是包含 x_i 的端到端测量数据，即包含 x_i 的方程的常数项数值。当方程组中存在多个包含变量 x_i 的方程时，x_i 的最紧自然界限区间为 $[0, b_{min}]$，其中 b_{min} 是所

有包含 x_i 的端到端测量数据中的最小值。

基于前面两个小节（3.2.3.1 和 3.2.3.2 节）的分析，下面正式给出目标链路最紧性能界限区间的推断方法。在一个给定目标链路（用集合 I 表示）和一组监测节点之间端到端测量数据的网络 G 中，可以按以下步骤推断所有目标链路的最紧性能界限值（包括上界值和下界值）。

（1）构造网络拓扑 G 的扩展图 G_{ex}，并利用已有裁图算法[82]对扩展图 G_{ex} 进行裁剪。将裁剪后剩余的图记为 G_t。

（2）求解由给定端到端测量数据构成的线性方程组，并将可解的变量移到方程组的右侧，从而得到一个简化的线性方程组，如式（3.5）所示。

（3）计算在简化的线性方程组中每一个变量 x_i 的最紧自然界限区间，将其记为 $TNB(x_i)$。

（4）对所有目标链路的相关变量按其最紧自然界限区间的上界值进行升序排列。依照这个顺序，找出裁剪图 G_t 中满足以下条件的相关变量的每一个组合（记作 F_c）：①F_c 中的变量可以作为方程组的自由变量；②该变量组合具有最小的自然界限区间总长度。接着将所有符合条件的组合 F_c 加入一个候选自由变量集合 CFV 中。

（5）对于集合 CFV 中的每一个自由变量组合 F_c，F_c 中变量的最紧自然界限区间即为它们最终的性能界限区间。由于方程组中每一个非自由变量 x_p（对应于一条不可识别的目

标链路 l_p）可以用 F_c 中自由变量的线性组合来表示，所以可以通过将 F_c 中自由变量的最紧自然界限区间代入该线性组合的方式，得到 x_p 的一个性能界限区间（记为 $B_c(x_p)$）。然后，将 $B_c(x_p)$ 和最紧自然界限区间 $TNB(x_i)$ 的交集作为变量 x_p 最终的性能界限区间。

（6）集合 CFV 中每一个自由变量组合 F_c 都会生成一个目标链路的总误差界（用 TEBI 表示），即 $TEBI = \sum_{l_i \in l} |B(x_i)|$，其中 $|B(x_i)|$ 为变量 x_i 最终的性能界限区间长度。输出 CFV 中所有自由变量组合 F_c 生成的 TEBI 的最小值及其对应的目标链路性能界限值。

除了从目标链路的相关变量和经过裁剪后的图 G_t 中选择自由变量以外，在步骤（4）中对目标链路的相关变量进行排序，以便加速目标链路最紧性能界限值的计算过程。具体地讲，在步骤（5）中，只需要使用 CFV 中的第一个自由变量组合（即自然界限区间总长度最小的自由变量组合）来计算目标链路的性能界限值。另外，当方程组中存在多个具有最小自然界限区间总长度的自由变量组合时，步骤（6）将确保可以获得所有目标链路的最紧性能界限值，即最小的目标链路性能总误差界。

3.2.4　最紧链路性能界限值推断算法分析

本节将对前文提出的目标链路最紧性能界限值推断算法

的最优性进行形式化证明。对于网络拓扑扩展图 G_{ex} 及 SPQR 树中的一个特定连通分支 T，基于监测节点之间测量路径的嵌套结构特征，本节考虑从 T 及其祖先分支中选择自由变量来推算 T 中目标链路的最紧性能界限值。下面的定理说明了这种自由变量选择策略的充分性。

定理 3.1 对于 SPQR 树中的一个连通分支 T，T 及其祖先分支中的自由变量组合将足以推导出 T 中目标链路的最紧性能界限值。

证明 根据线性代数的相关理论，可以知道当方程组自由变量的界限区间长度变大时，得到的目标链路性能界限区间长度也会变大[103]。针对 SPQR 树中一个连通分支 T 上目标链路性能界限值的推断，基于其孩子分支 T_c 的类型有两种不同的情况。

（1）当其孩子分支 T_c 为一个环分支时，在扩展图 G_{ex} 的两个监测节点 m'_1 和 m'_2 之间最多只有一条测量路径可以经过 T_c。例如，对于图 3.4（b）中的 T_2 来说，只有路径 $m'_1 v_1 - v_1 v_2 - v_2 v_3 - v_3 v_4 - v_4 v_5 - v_5 m'_2$ 会经过 T_2。如果将这条经过 T_c 的路径测量数据加入只包含连通分支 T 及其祖先分支的路径测量数据的线性方程组中，为了推算 T_c 中链路的性能界限值，至少需要在 T_c 中选择 $|L(T_c)-2|$ 条链路对应的变量作为自由变量（例如图 3.4 中的 $l_{2,3}$）。这将增加自由变量总的界限区间长度，从而不利于减小连通分支 T 中目标链路的性能界限

区间。因此,针对连通分支 T 的目标链路性能界限值推算,当其孩子分支 T_c 为一个环时,可以将 T_c 中链路对应的变量从方程组自由变量的选择中排除。

(2)当其孩子分支 T_c 为一个 3-点连通分支时,对于每一条(在监测节点 m'_1 和 m'_2 之间)经过 T_c 的路径 p,至少有一条对应的经过分支 T 的路径,并且这两条路径在 T 上有一段共同的子路径。因此,把路径 p 的测量数据加入只包含连通分支 T 及其祖先分支(记为 G_0)的路径测量数据的线性方程组中,将不会有助于减小原线性方程组系数矩阵的秩。相反,这将会增加新线性方程组(指加入 p 后)中自由变量的数目。此时,分别用 r_1 和 r_2 表示添加 p 之前线性方程组的自由变量数目和添加 p 之后线性方程组自由变量的增加数目。在 G_0 和 T_c 中,有两种可能的自由变量选择方式:①自由变量 $\{x_1, x_2, \cdots, x_{r_1}\}$ 仍然是从 G_0 中选择,而自由变量 $\{x_{r_1+1}, x_{r_1+2}, \cdots, x_{r_1+r_2}\}$ 从 T_c 中选择;②所有的自由变量 $\{x_1, x_2, \cdots, x_{r_1+r_2}\}$ 都是从 T_c 中选择的。对于第一种自由变量选择方式,由于 T 的目标链路仍然可以用 $\{x_1, x_2, \cdots, x_{r_1}\}$ 表示,所以其性能界限值将保持不变。对于第二种自由变量选择方式,用 $\{x'_1, x'_2, \cdots, x'_{r_1}\}$ 表示 G_0 中原来选择(指加入 p 前)的自由变量,此时这些自由变量可以用 T_c 中新的自由变量 $\{x_{r_1+1}, x_{r_1+2}, \cdots, x_{r_1+r_2}\}$ 来表示,基于 SPQR 树中测量路径的嵌套结构特征,通过使用新的自由变量 $\{x_{r_1+1}, x_{r_1+2}, \cdots, x_{r_1+r_2}\}$

并不会减小 $\{x'_1, x'_2, \cdots, x'_{r_1}\}$ 的界限区间总长度，从而使由 $\{x_{r_1+1}, x_{r_1+2}, \cdots, x_{r_1+r_2}\}$ 生成的目标链路性能界限区间长度不会小于由 $\{x'_1, x'_2, \cdots, x'_{r_1}\}$ 生成的目标链路性能界限区间长度。因此，针对连通分支 T 的目标链路性能界限值推断，当其孩子分支 T_c 为一个 3-点连通分支时，也可以将 T_c 中链路对应的变量从方程组自由变量的选择中排除。

综合以上两种情况的分析，可以看出通过裁剪网络 G 中不相关（即没有不可识别目标链路）的连通分支以便减小自由变量选择范围的方式，不会影响推断结果的最优性。

另外，在网络目标链路最紧性能界限值的推断过程中，将目标链路的相关变量进行排序并使用总界限区间长度最小的一组自由变量来推断目标链路的性能界限值。下面的定理说明了上一节提出算法的最优性。

定理 3.2 本章提出的算法（3.2.3 节）计算出的目标链路性能界限值是从给定的端到端测量数据中可以得到的最紧的目标链路性能界限值。

证明 本章的算法在目标链路性能界限值的推断过程中，首先对网络拓扑 G 进行了裁剪操作，其次对方程组中目标链路的相关变量进行了排序操作。基于定理 3.1，可以看出对网络拓扑 G 的裁剪操作不会影响目标链路性能界限区间推断结果的紧密性。另外，由于更大的自由变量界限区间也会导致更大的目标链路性能界限区间[103]，所以选择使用总界限区间最小的一组自由变量来推断目标链路性能界限值的方式可以保证推断结果的最优性。以上结论表明了本章算法在目标链路性能界限值推断上的最优性。

3.2.5 新监测节点的部署算法

当管理员在一个具有少量初始监测节点的网络中获得目标链路最紧的性能界限值之后，一个自然的后续问题是：如果允许管理员在网络中部署额外的（即新的）监测节点，那么应该把这些额外监测节点部署在哪里，以便最大限度地缩小目标链路性能指标的界限区间。本节将提出一个有效的新监测节点的部署算法来解决这个问题。首先，本节对目标链路性能界限值在新监测节点部署下的变化情况进行简要分析。其次，本节详细描述新监测节点部署算法的流程和步骤。

3.2.5.1 目标链路性能界限值的减少分析

如第 3.2.3 节所述，通过对网络 G 及其扩展图 G_{ex} 的连通性划分，可以得到一棵 SPQR 树。在 SPQR 树中，每个 SPQR 连通分支 T 只包含两个优势节点 μ_1 和 μ_2。基于此，可以得到以下三个关于 G_{ex} 中链路可识别性的结论[36]。

（1）根分支 T_0 中所有的实际链路（即原拓扑 G 的链路）都是可识别的。

（2）注意到一个 SPQR 分支 T 的优势节点对 T 中链路的可识别性有着重要影响。对于一个只含有两个优势节点的 3-点连通分支 T，本节将 T 中只与一个优势节点相连接的链路称为外部链路，而将不与任何优势节点连接的链路称为内部链路。此外，T 中所有外部链路都是不可识别的。例如，在图 3.4（b）的 T_1 中，链路 $l_{1,2}$、$l_{1,4}$、$l_{2,5}$ 和 $l_{4,5}$ 是不可识别的。

（3）在一个环分支 T 中，除了在优势节点 μ_1 和 μ_2 之间的链路以外，其他链路都是不可识别的。

基于以上结论，针对网络中一个新监测节点 m_{new} 的部署，有以下两个基本的观察。

观察 3.1 对于 SPQR 树中一个特定的 3-点连通分支 T，由于无论将 m_{new} 部署在 T 的哪个位置，都会生成相同结构的新的 SPQR 树（通过分别在 m_{new} 和 m'_1、m'_2 之间增加一条虚拟链路），所以将 m_{new} 部署在 T 的不同内部节点（即非优势节点）上将会导致相同的链路可识别性。

观察 3.2 由于网络中不可识别目标链路的性能界限值的减小只会受新增加的可识别链路的影响，因此在相同的链路可识别性下目标链路的性能界限值也是一样的。

在一个扩展图 G_{ex}（对应一个给定目标链路的网络 G）中，需要确定将新监测节点 m_{new} 部署在哪一个 SPQR 连通分支里。显然，在 G_{ex} 中加入一个新的监测节点 m_{new} 并在

m_{new} 和已有监测节点 m'_1、m'_2 之间增加两条虚拟链路后，将会把原来的 SPQR 树转变成一棵新的 SPQR 树。为此，下面首先分析新监测节点的部署会如何改变原来的 SPQR 树的结构。

注意到将新监测节点 m_{new} 部署在 SPQR 树的根分支 T_0 中并不会改变原来的 SPQR 树的结构，从而也不会对网络目标链路的性能界限值产生任何影响，因此 T_0 将不会是 m_{new} 部署的候选分支。

接下来，考虑新监测节点在 SPQR 树中非根分支上的部署。根据非根分支的类型，有两种不同的情况。第一种情况是 SPQR 树中所有的非根分支都是 3-点连通分支。以图 3.5 所示的 SPQR 树为例，如果将新监测节点 m_{new} 部署在一个叶子分支 T_2（对应子树 T_0-T_1-T_2）中时，通过增加两条虚拟链路 $l_{m'_1,m_{new}}$ 和 $l_{m'_2,m_{new}}$，会使原来 T_1 和 T_2 上的 2-点割集不再是新的 SPQR 树上的 2-点割集，即原来 T_0 与 T_1 之间的连接链路以及 T_1 与 T_2 之间的连接链路在新的 SPQR 树上将会消失。因此，分支 T_0、T_1 和 T_2 将会包含在新 SPQR 树的根分支 T'_0 里，如图 3.5（b）所示。此时，T_1 和 T_2 里的所有链路都将变成可识别的。如果将新监测节点 m_{new} 部署在一个非叶子分支 T_1 中，那么只有分支 T_0 和 T_1 包含在新 SPQR 树的根分支 T'_0 里，如图 3.5（c）所示。此时，只有 T_1 的链路会变成可识别的，即具有比将 m_{new} 部署在叶子分支 T_2 时更少的可识别链路。因此，当 SPQR 树中所有的非根分支都是 3-点连通分支时，将新监测节点 m_{new} 部署在一个叶子分支任意的内部节点上可以最大限度地减小 SPQR 树中所有目标链路性能的界限区间长度。

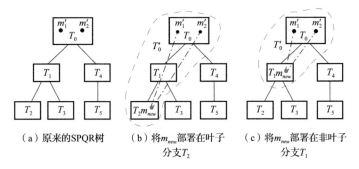

（a）原来的SPQR树　　　　（b）将m_{new}部署在叶子　　　（c）将m_{new}部署在非叶子
　　　　　　　　　　　　　　　　分支T_2　　　　　　　　　分支T_1

图 3.5　SPQR 树中所有非根分支是 3-点连通分支的
新监测节点部署示例

第二种情况是在原来的 SPQR 树中有一些非根分支是环。与第一种情况不同的是，将新监测节点 m_{new} 部署在一棵子树的叶子分支上并不一定会使整棵子树都包含在新 SPQR 树的根分支 T_0' 里。以图 3.6（a）所示的 SPQR 树为例，树中存在一个非根分支是环，即 T_1。此时，如果将新监测节点 m_{new} 部署在叶子分支 T_2 中，那么即使在增加两条虚拟链路 $l_{m_1',m_{new}}$ 和 $l_{m_2',m_{new}}$ 后，环分支 T_1 中的一些子分支（$\{v_1, v_2, v_3\}$ 和 $\{v_6, v_8, v_9\}$）也不会包含在新 SPQR 树的根分支 T_0' 里，如图 3.6（b）所示。另外，把 m_{new} 部署在一个环中的不同节点上也可能会造成不同的 SPQR 树结构以及不同的链路可识别性。例如，在图 3.6（c）中，如果把 m_{new} 部署在环分支 T_1 的节点 v_2 上，那么 v_1 与 v_2 之间的链路 $l_{1,2}$ 将会包含在新 SPQR 树的根分支 T'_0 里。而如果将 m_{new} 部署在节点 v_7 上，那么链路 $l_{6,8}$ 将会包含在新 SPQR 树的根分支 T'_0 里。因此，当一个环分支含有目标链路时，为了最大限度地减小目标链路的性能界限区间长度，需要选取一个合适的环中节点以便用于部署新监测节点 m_{new}。

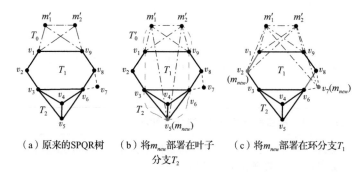

（a）原来的SPQR树　　（b）将m_{new}部署在叶子　　（c）将m_{new}部署在环分支T_1
　　　　　　　　　　　　　　分支T_2

图 3.6　SPQR 树中有一些非根分支是环的新监测节点部署示例

3.2.5.2　新监测节点部署算法的流程

对于一个具有一组初始监测节点和一组目标链路的网络，本节提出一种新监测节点的部署算法（new monitor placement for interesting links'bound reduction，简称 NMPI），通过在网络中部署一个新监测节点，从而最大限度地减小所有目标链路性能的界限区间长度，即减少目标链路的总误差界（TEBI）。

算法 3.1 给出了新监测节点部署算法的描述。算法的输入是具有一组初始监测节点 M_0 的网络拓扑 G 以及一组需要测量的目标链路 I。算法的输出是一个新监测节点的部署方式 O_{new}。对于一个 SPQR 连通分支（3-点连通分支或环分支）T_i，分别用 $V(T_i)$ 和 $L(T_i)$ 表示 T_i 中所有的节点和链路，用 $P(T_i)$ 表示 T_i 中的优势节点，以及用 S_i 表示在 T_i 中供新监测节点部署的候选节点。为了表述的方便，算法中用 TEBI(O) 表示在监测节点部署方式 O 下网络目标链路的总误差界，用 ΔTEBI 表示目标链路总误差界的减少量，其等于新监测节点部署前与部署后目标链路总误差界的差值。

算法 3.1 新监测节点的部署算法（NMPI）

输入：一个具有初始监测节点 M_0 的网络拓扑 G，目标链路集合 I
输出：一个新监测节点的部署方式 O_{new}
1. 构造拓扑 G 的扩展图 G_{ex}，利用裁图算法对 G_{ex} 进行裁减（生成一个裁减后的图 G_t 以及一个辅助节点集合 H），最终 G_t 的连通分支将排列成一棵 SPQR 树。
2. 将 SPQR 树中所有的叶子分支加入集合 $L=\{T_l^1, T_l^2, \cdots, T_l^k\}$，将其对应的子树加入集合 $ST=\{ST_1, ST_2, \cdots, ST_k\}$，并将子树 ST_i 中的环分支加入集合 $C_i=\{T_1, T_2, \cdots, T_\xi\}$。
3. $\Delta_{max}=0$；
4. TEBI$(M_0, v)=$TEBI$(M_0)-$TEBI$(M_0 \cup \{v\})$；
5. **for** each $ST_i \in ST$ **do**
6.   **if** $C_i=\varnothing$ **then**
7. $S_i=V(T_l^i)\backslash P(T_l^i)$；

8.　　　$v_m = v, v \in S_i$；

9.　　　$\Delta \text{TEBI} = \text{TEBI}(M_0, v_m)$；

10.　　**if** $\Delta \text{TEBI} > \Delta_{\max}$ **then**

11.　　　　$O_{new} = \{v_m\}, \Delta_{\max} = \Delta \text{TEBI}$；

12.　**else**

13.　　　**for** each cycle $T_i \in C_i$ **do**

14.　　　　用 $\boldsymbol{\mu}_1$、$\boldsymbol{\mu}_2$ 表示 T_i 的两个优势节点；

15.　　　　**if**$(L(T_i) \setminus \{l_{\mu_1, \mu_2}\}) \cap I \neq \varnothing$ **then**

16.　　　　　$S_i = (V(T_i) \setminus P(T_i)) \cup H(T_i)$；

17.　　　　　$v_m = \arg \min_{v \in S_i}(\text{TEBI}(M_0, v))$；

18.　　　　　$\Delta \text{TEBI} = \text{TEBI}(M_0, v_m)$；

19.　　　　　**if** $\Delta \text{TEBI} > \Delta_{\max}$ **then**

20.　　　　　　$O_{new} = \{v_m\}, \Delta_{\max} = \Delta \text{TEBI}$；

21.　　**if** $T_l^i \notin C_i$ **then**

22.　　　　$S_i = V(T_l^i) \setminus P(T_l^i)$；

23.　　　$v_m = v, v \in S_i$；

24.　　　$\Delta \text{TEBI} = \text{TEBI}(M_0, v_m)$；

25.　　　**if** $\Delta \text{TEBI} > \Delta_{\max}$ **then**

26.　　　　$O_{new} = \{v_m\}, \Delta_{\max} = \Delta \text{TEBI}$；

27. return O_{new}；

　　基于上一节对目标链路性能界限值减少的分析，算法首先构造了拓扑 G 的扩展图 G_{ex}[103]。为了减小监测节点部署的搜索空间，本节利用裁图算法裁剪了扩展图 G_{ex} 中没有不可识别目标链路的连通分支（由于可识别目标链路的性能指标可以唯一地确定，所以无须再计算其性能界限值），将裁剪后的图记为 G_t。同时为了不影响监测节点部署的性能，本节保留了裁剪的连通分支中的部分节点，即一个辅助节点集合 H，其中每一个辅助节点都将与一个 G_i 的连通分支相关联。最终，G_i 中的连通分支可以排列成一棵 SPQR 树的形式（第 1 行）。接着记录 SPQR 树中所有的叶子分支以及与其对应的从根分支到叶子分支的子树，同时把每棵子树上的环分支记录下来（第 2 行）。然后，算法依次衡量将新监测节点部署在每棵子树上时目标链路总误差界的减少量，以便得到一个可以最大限度地减小目标链路总误差界的监测节点部署，即最优的监测节点部署（第 3~26 行）。具体地讲，在一棵子树 ST_i 中，如果没有任何环分支，那么算法只需要计算将新监测节点部署在 ST_i 叶子分支的任意一个内部节点（即非优势节点）上，目标链路总误差界的减少量（第 6~11 行）。否则，当 ST_i 中有环分支时，算法计算将新监测节点部署在 ST_i 中每一个含有目标链路的环分支上，目标链路总误差界的减少量（第 12~20 行）。需要注意的是，在一个环分支 T_i 上的候选部署节点可以是 T_i 中所有的内部节点以及与 T_i 关联的辅助节点 $H(T_i)$（第 16 行）。同时，当子树 ST_i 的叶子分支 T_i' 是一个 3-点连通分支时，算法也比较了将新监测节点部署在 ST_i 的环分支和一个 T_i' 内部节点上时目标链路总误差界的减少量（第 21~26 行）。最终，经过对分别在 SPQR 树的环分支和叶子分支上部署新监测节点时目标链路总误差界减少量的比较，算法将输出一个最优的新监测节

点的部署方式 O_{new}（第 27 行）。

需要说明的是，为了比较在不同候选节点上部署新监测节点时目标链路总误差界的减少量，算法利用了已有的测量路径构造方法[103]，以便构造一组最少的测量路径，并基于这组测量路径的端到端数据实现对目标链路性能界限值的推断。考虑到监测节点更换及测量路径数据收集的实际开销，算法使用网络链路性能上界和下界的平均值（即网络链路性能界限区间的中点值）来估计已有监测节点和候选节点之间测量路径的性能数据。此外，算法应用了前文提出的最紧性能界限值推断方法（第 3.2.3 节）来计算在已有监测节点和新监测节点部署下的目标链路总误差界，即算法 3.1 中 TEBI(O)的数值。另一方面，注意到在一些真实场景中，服务提供商与网络管理员对链路性能界限值有严格的要求。例如，在网络瓶颈定位与故障检测时，链路性能上下界的差值需要在一个指定的范围内。为了满足这个要求，可能需要用到多个新的监测节点。虽然算法 3.1 主要关注的是如何在网络中部署一个新监测节点以便使目标链路性能总误差界可以最大限度地减小，但是仍然可以将其应用于最少监测节点的部署问题，即为了满足管理员对目标链路性能总误差界减少量的需求，应该如何部署最少的新监测节点？具体来讲，只需要迭代地使用算法 3.1 在网络中部署新监测节点，直到在所有监测节点（包括初始监测节点和新监测节点）下，目标链路性能总误差界的减少量不小于指定的需求值 θ，即（$TEBI_0 - TEBI_1$）/ $TEBI_0 \geq \theta$，其中 $TEBI_0$ 和 $TEBI_1$ 分别表示在所有新监测节点部署前与部署后的目标链路总误差界。

3.2.6 新监测节点的部署算法分析

本小节将对新监测节点部署算法 NMPI 的时间复杂度进行分析。由于新监测节点部署算法在执行过程中应用了链路最紧性能界限值的推断算法，所以下面将首先分析链路最紧性能界限值推断算法的时间复杂度，然后综合分析新监测节点部署算法的时间复杂度。

在链路最紧性能界限值的推断算法（3.2.3 节）中，为了减小线性方程组中自由变量的选择范围，算法一方面从目标链路的相关变量中选择自由变量。另外，对相关变量进行排序并使用界限区间总长度最小的一个自由变量组合来推断目标链路的性能界限值。然而，存在方程组所有变量都是目标链路的相关变量以及所有自由变量组合的界限区间总长度都一样的情况。在一个具有 n 个变量的线性方程组 $\boldsymbol{R}\boldsymbol{x} = \boldsymbol{c}$ 中，最多有 $\binom{n}{rank(\boldsymbol{R})}$ 种自由变量的组合方式。因此，目标链路最紧性能界限值推断算法的时间复杂度最大为 $O\left(\binom{|L(G_t)|}{rank(\boldsymbol{R}')}\right)$，其中，$|L(G_t)|$ 为网络拓扑裁剪后剩余的链路数目（对应线性方程组变量的数目），$rank(\boldsymbol{R}')$ 为简化后线性方程组（将

可解的变量移到原方程组的右侧）系数矩阵的秩。

在新监测节点部署算法 NMPI（算法 1）中，为了减小监测节点部署的搜索空间，首先利用裁图算法对网络拓扑的无关连通分支进行了裁剪，接着依次比较了将新监测节点部署在 SPQR 树的环分支以及叶子分支上时目标链路性能界限区间长度的减少量。因此，新监测节点部署算法的时间复杂度主要取决于拓扑裁剪和目标链路性能界限值计算所消耗的时间。在一个网络 $G=(V,L)$ 中，拓扑裁剪操作可以在线性时间内执行完成，即其时间复杂度为 $O(|V|+|L|)$。此外，网络 G 中的连通分支数目最多为 $|V|$。因此，新监测节点部署算法 NMPI 的总体时间复杂度为 $O(\alpha|V|+|L|)$，其中 α 为在新监测节点部署下对目标链路最紧性能界限值推断的时间复杂度。

3.3　性能评价

前面两节详细地描述了网络目标链路最紧性能界限值的推断算法和最大化目标链路性能界限值减少量的新监测节点的部署算法。本节将利用真实的 ISP 网络拓扑来验证新监测节点部署算法的性能，其中包括对目标链路性能界限值的推断。首先，本节将简要介绍实验的评价方法，包括所用的网络拓扑和实验比较的方法。其次，本节给出实验的结果。

3.3.1 评价方法

本节使用 Rocketfuel 项目[104] 中收集的真实网络拓扑对监测节点部署算法进行验证。这些拓扑刻画了全球多个主要 ISP 网络中核心路由器之间的物理连接情况。为了评估不同网络拓扑对算法性能的影响，本节从 Rocketfuel 项目中选取了 4 个不同规模的拓扑。表 3.2 展示了所选取网络拓扑的主要信息，其中 $|L|$ 和 $|V|$ 分别代表拓扑中链路及节点的数目，N_B 和 N_T 分别代表拓扑中 2-点连通分支及 SPQR 分支（3-点连通分支及环分支）的数目，Avg. Node Deg. 表示拓扑中节点的平均度数。

表 3.2　不同 ISP 网络拓扑的参数信息

拓扑	$|L|$	$|V|$	N_B	N_T	Avg. Node Deg.
AS1755	381	172	28	65	4.43
AS3257	404	240	142	171	3.37
AS1221	758	318	107	136	4.77
AS1239	2268	604	52	93	7.51

实验评价的指标为在网络中部署一个新监测节点时目标链路性能界限区间长度（即总误差界 TEBI）的减少量以及为了满足服务提供商与管理员对目标链路性能界限区间长度减少量的需求而增加的监测节点数目。在实验测试中，本节实现并比较了以下 3 种算法。

（1）最大化可识别目标链路数目的监测节点部署算法（MAIL）：该算法选择将新监测节点部署在能够使网络中可识别的目标链路数目最多的节点上。

（2）最大化所有链路性能界限区间长度减少量的监测节点部署算法（MREB）：该算法假设网络中所有的链路都是目标链路（即需要测量性能的链路），并将新监测节点部署在能够使所有链路性能界限区间总长度减少量最多的节点上。为了提高算法的执行效率，本小节省略了在链路性能界限值计算时自由变量的枚举过程。

（3）最大化目标链路性能界限区间长度减少量的监测节点部署算法（NMPI）：该算法为本章提出的算法（3.2.5节），算法通过优化监测节点的部署，实现对网络所有目标链路性能界限区间总长度减少量的最大化。由于网络目标链路是可以任意指定的，所以相比 MREB 算法，本章提出的算法具有更好的灵活性和通用性。

在每一个网络拓扑中，本节随机地选取不同数目的链路作为目标链路：10%～100% 的网络链路为目标链路。实验测量的性能为链路时延。为了量化监测节点部署前后目标链路性能界限值的变化情况，本节给网络每条链路的时延随机赋予一个在［1,30］秒的数值。此外，在网络的每个边缘的2-点连通分支中随机地选择一个节点作为初始监测节点。为了更全面地验证算法性能，本节对每一种网络设置重复进行了 100 次实验，并展示了实验结果的平均值。

3.3.2　链路性能界限紧密性评价

本小节首先比较了用不同算法在一个具有初始监测节点的网络中部署一个新监测节点时目标链路性能界限区间长度的减少量，即链路性能界限紧密性的变化。图3.7给出了在4个ISP网络拓扑中，随着目标链路数目的增加，不同监测节点部署算法在所有目标链路性能界限区间总长度上的减少量（这里用目标链路性能总误差界TEBI的减少量来表示）。从图中可以看出，在所有的网络拓扑和目标链路设置下，相较于MAIL以及MREB两个已有算法，本章节提出的算法NMPI始终能够减少更多的目标链路性能总误差界，即能更大程度地提高目标链路性能界限的紧密性。例如，当网络中有10%的链路是目标链路时，NMPI取得的目标链路性能总误差界减少量分别是MAIL及MREB取得的目标链路性能总误差界减少量的2.1~3.2倍和1.3~4.1倍。同时，观察到除了MAIL以外，所有算法取得的目标链路性能总误差界的减少量会随着目标链路数目的增加而增加。出现这种结果的原因主要是MAIL算法旨在实现可识别（即性能指标唯一确定）的目标链路数目的最大化，然而使网络中更多目标链路变得可识别并不一定有助于提高所有目标链路性能界限的紧密性，特别是对于目标链路数目比较少的情况。

此外，图3.7的结果也表明在不同的网络拓扑中NMPI

算法相比其他算法的性能提升也是不一样的。例如，对于网络中所有链路都是目标链路的情况，在拓扑 AS1755 中，相比 MAIL 和 MREB，NMPI 分别能够进一步减少 157.3% 和 5.1% 的目标链路性能总误差界。而在拓扑 AS3257 中，相比 MAIL 和 MREB，NMPI 分别能够进一步减少 221.4% 和 87.8% 的目标链路性能总误差界。这主要是因为 AS3257 的连通性比 AS1755 的连通性更差，从而使其链路可识别性需要依赖多个连通分支中监测节点的部署方式。为此，一种更细

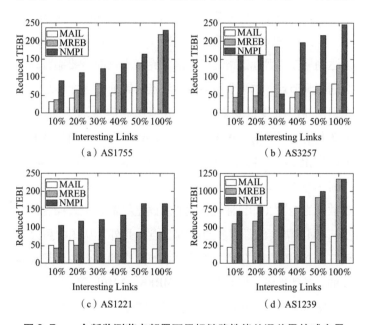

图 3.7　一个新监测节点部署下目标链路性能总误差界的减少量

粒度的拓扑结构分析（例如 NMPI）比简单地最大化可识别链路数目（例如 MAIL）及直接将监测节点放在 SPQR 树的叶子分支上（例如 MREB）更有助于减少网络目标链路性能的总误差界。

3.3.3　新监测节点部署开销评价

考虑到服务提供商与网络管理员在不同阶段对目标链路性能总误差界的要求可能是不一样的。例如，在网络修复与升级时，往往需要尽可能准确地知道目标链路的性能指标，即目标链路性能的总误差界尽可能小。因此，实验还评估了为达到期望的目标链路性能总误差界减少量而需要部署的最少的监测节点。本小节用新监测节点部署前后目标链路性能总误差界的减少量 θ 来表示服务提供商与管理员的需求。图 3.8 给出了在拓扑 AS1755 和拓扑 AS3257 中，当参数 θ 从 0.2 增加到 1 时各算法需要部署的新监测节点数目。同时，网络拓扑中有 20% 的链路是目标链路。和预期的一样，随着参数 θ 的增加（即目标链路性能总误差界需要更大程度的减少），网络需要部署更多的监测节点。此外，从图中可以看到算法 NMPI 在所有网络场景中添加的监测节点数目都是最少的。具体地讲，相比 MAIL 和 MREB，NMPI 可以分别减少 30.8%~69.2% 和 40%~66.7% 的监测节点。因此，在监测节点部署开销上，NMPI 要比 MAIL 和 MREB 少得多。这有利于提高算法在大规模网络性能测量中的可用性。

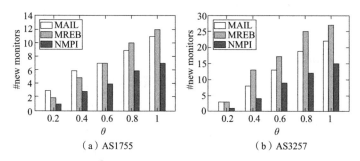

（a）AS1755 　　　　　　　（b）AS3257

图3.8 目标链路性能总误差界减少量不同需求（θ）
下新监测节点的数目

3.4 本章小结

本章详细阐述了一种基于界限值推断的链路测量技术，便于服务提供商和网络管理员在满足应用需求的情况下，实现链路测量精度与测量开销的平衡。本章的主要创新点归结如下：

（1）本章首次研究了基于断层扫描技术的网络链路性能界限值的推断问题。现有网络断层扫描研究工作要么旨在测量链路性能的确切值（即"0-1"式的测量），要么旨在获得网络所有链路的性能界限值。总体上，这些已有工作是本章工作的一个特例，即链路性能界限区间的长度为0或测量对象为网络的所有链路。本章考虑了更为一般的情况，即测量对象可以是网络中任意的一组链路（即目标链路）以及测量的是链路性能的界限值。更为重要的是,通过灵活调整测量链路范围和对链路性能测量精度的需求,可以更好地实现测量精度与测量开销之间的平衡。

(2)本章提出了一种高效的链路性能界限值推断算法,能够在任意一个给定监测节点部署和端到端测量数据的网络中快速地计算所有目标链路最紧的性能上界值和最紧的性能下界值。同时,本章形式化地证明了所提出的算法的最优性。

(3)本章提出了一种新监测节点的部署算法 NMPI,在网络已有监测节点的基础上,通过增加一个新监测节点以便最大限度地减少目标链路性能的总误差界以及通过部署最少的监测节点满足服务提供商与管理员对目标链路性能总误差界减少量的需求。实验结果表明,所提出的算法在目标链路性能总误差界上的减少量是现有最好方法的 3.2~4.1 倍。同时,在多种网络设置下,所提出的算法都可以显著地减少监测节点的部署数量。

第 4 章

基于界限值推断的路径测量技术

4.1　需求与挑战

　　第 3 章描述了基于界限值推断的链路测量技术，该技术使运营商与管理员能够以较低的成本计算出网络上任意一组链路的性能界限值。在很多实际应用场景中，一项网络服务可能需要多个不同网络的参与，也需要不同区域上多条链路的共同传输，例如远程网页访问、云服务器数据存取等。此时，网络运营商与管理员关注的是网络端到端路径的通信状况，例如从云服务器到客户端的数据传输性能。注意到一条网络路径通常会经过多条不同链路，而链路测量技术难以有效地推算出整条路径的性能，因此，本章将研究基于界限值推断的路径测量技术，旨在以较小的测量开销，获得网络上任意路径的性能界限值。

4.1.1 网络路径监测

随着网络功能虚拟化[18,105]技术的日益成熟，传统专用的网络设备和中间件被一些通用的软件取代。通过在单一的物理平台上运行不同的应用程序，可以为用户提供不同的网络功能和服务，例如路由器、防火墙和网络地址转换等。此外，网络切片技术[106]能够将一个物理网络划分成多个虚拟网络，并且在不同的虚拟网络上运行不同类型的服务。虽然网络功能虚拟化和网络切片技术有利于提高网络的可伸缩性，降低网络运行的成本，但是如何有效监测不同服务的端到端性能以更好地优化资源分配成为网络运营商需要解决的首要问题。此外，对网络端到端路径性能的监测还能为用户选择应用服务提供数据支撑。

随着越来越多在线网络性能测量工具的出现（例如 Netflix 提供的 Fast[107-108] 和 Google 提供的 Measurementlab[109]），互联网用户可以方便地测量和验证其得到的网络服务质量。这也使得网络运营商与管理员更加迫切地需要对网络端到端通信路径的性能进行监测，从而实时保证网络的服务质量，优化用户体验，例如客户端对视频网站访问的时延。

4.1.2 路径性能界限值推断

在网络关键应用性能监测及服务水平协议满足情况的检验中，对网络端到端路径性能界限值的推断成为一个基本要求。注意到网络节点之间的一条通信路径可能会包含多条不同的链路，基于上一章提出的链路性能界限值推断算法，可以获得单条链路的界限值，从而推算出整条路径的性能界限值。例如，对于可累加的链路性能指标，将一条路径经过的所有链路的性能界限值相加，可以得到该路径性能的一个界限值。然而，由于一条端到端路径上可能存在性能唯一确定的片段（即子路径），这种简单求和的方式很容易放大路径的性能界限值，给结果带来额外的误差。此外，近两年也有研究工作关注对网络特定路径性能确切值的测量[36]，通过在网络中部署一定数目的监测节点以实现对一组特定路径性能的精确计算。然而，对于网络中未被覆盖的路径，这些工作不能提供任何有关其性能状况的信息，这将不利于网络的综合管理与优化。

因此，如何用尽可能低的测量成本有效地推断出网络关键服务端到端性能指标的界限值是大规模网络测量的一个重要需求及挑战。

4.2　设计与实现

本节将详细阐述如何以尽量低的成本与开销实现对网络任意路径性能界限值的测量。首先，本节给出路径性能界限值的定义，包括对网络模型的设定。其次，本节将详细描述一种路径性能界限值的推断算法以及新监测节点的部署算

法。最后，本节将分别进行形式化的理论分析，以便说明所
提出的算法的最优性及复杂度。

4.2.1 路径性能界限值的定义

本章假设网络拓扑已知并且在测量过程中是不会改变
的。本章用一个无向图 $G = (V(G), L(G))$ 来描述网络的拓
扑结构，其中 $V(G)$ 和 $L(G)$ 分别表示节点集合和链路集
合。任意两个网络节点之间的连接称为路径，每条路径可能
包含一条或者多条首尾相接的链路。而两个节点之间的直接
连接（即不经过中间节点）称为链路。由于可以分别测量一
个拓扑中不同的连通分支，所以本章考虑一个连通的拓扑 G。
本章假设网络中每条链路都拥有两个不同的端点并且两个节
点之间最多只有一条链路。本章用 $l_{i,j}$ 表示节点 v_i 和节点 v_j
之间的链路，同时假设一条链路上的性能在其不同方向上是
一致的，即链路 $l_{i,j}$ 的性能（例如时延和丢包率等）和链路
$l_{j,i}$ 的性能是一样的。在网络测量期间，链路性能将保持不变
或其统计特征是稳定的。注意到网络节点之间通常存在许多
不同形式的端到端路径（其数量可能随网络规模呈指数级增
长），将需要测量的路径（即目标路径）的集合记为 P。为
了提高测量的灵活性，集合 P 可以包含运行了网络关键服务
的路径（例如网关与服务器之间的传输路径），也可以是管
理员或用户任意指定的一组路径。基于断层扫描的网络测
量，首先需要将网络中的部分节点部署为监测节点，接着监

测节点之间可以沿着一组特定的测量路径发送和接收探测包，从而获得这些测量路径的性能数据。随着路由可控性的提高，本章假设监测节点可以控制探测包的路由，使得探测包从一个监测节点上经过一条不含环路的路径（即不经过重复节点的路由）到达另一个监测节点。

对于可累加的链路性能指标（例如时延和取对数后的丢包率），监测节点之间一条测量路径的观测数据等于该路径经过的所有链路性能指标的总和。基于多条测量路径的观测数据，可以构建一个线性方程组，其中方程组的未知量是单条链路的性能指标，已知的常数项是从监测节点上观测到的端到端路径性能数据。当可以从一种监测节点部署下构建的线性方程组中求解一条链路 l_i 性能指标的唯一解时，称链路 l_i 在该监测节点部署下是可识别的，或者说该监测节点部署方式能够实现链路 l_i 的可识别性。同理，如果一条路径 p_i 上链路性能指标的总和可以由方程组唯一地确定，就称路径 p_i 是可识别的，否则称路径 p_i 为不可识别的。对于不可识别的路径，已有研究工作将不会提供任何有关其性能状况的信息。相反，基于本章提出的方法，可以得到不可识别路径的性能界限区间（包括上界值和下界值）。与上一章链路性能界限值相似的是，为了衡量路径性能界限区间的紧密程度，本章将一条目标路径性能指标的误差界定义为其性能上界值和性能下界值的差值，即其性能界限区间的长度。对于可识别的路径，其性能界限区间中的上界值与下界值是相同的，即可识别路径的性能误差界等于 0。相应地，目标路径的总误差界（total error bound of interesting paths，TEBP）等于所有目标路径误差界的总和。

下面用一个简单的例子说明网络链路性能界限值的计算问题。图 4.1 所示是一个包含 7 个节点和 11 条链路的网络拓扑，其中 v_3 和 v_4 为两个部署的监测节点，路径 $p_1 = l_{1,3}l_{3,6}l_{6,7}l_{7,4}$（在节点 v_1 和 v_4 之间），路径 $p_2 = l_{1,2}l_{2,4}l_{4,7}$（在节点 v_1 和 v_7 之间）和路径 $p_3 = l_{3,5}l_{5,6}$（在节点 v_3 和 v_6 之间）的性能是管理员关注的，即目标路径 $p = \{p_1, p_2, p_3\}$。用 $x_{i,j}$ 表示链路 $l_{i,j}$（在节点 v_i 与 v_j 之间）的性能指标，c_i 表示测量路径 p_i 的性能数据。假设网络链路性能（例如时延）值分别为 $\{x_{1,2} = 1, x_{1,3} = 7, x_{1,4} = 1, x_{2,3} = 1, x_{2,4} = 7, x_{3,4} = 1, x_{3,5} = 2, x_{3,6} = 1, x_{4,7} = 4, x_{5,6} = 2, x_{6,7} = 1\}$。需要说明的是，这些链路的性能在网络测量前是未知的，只有通过收集监测节点之间端到端测量路径的性能数据，才可能推断出单条链路的性能。

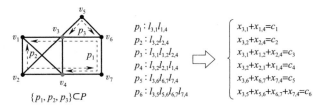

图 4.1　网络链路性能界限值推算示例

从监测节点 v_3 发出的一组探测包,可以沿着不同的路由路径到达监测节点 v_4。图 4.1 中列出了一组可能的测量路径 (p_1-p_6) 以及由这些测量路径信息构成的线性方程组。在该线性方程组中,只能推算出链路 $l_{1,2}$ 的性能值:

$$x_{1,2} = \frac{c_3 - c_1 - c_2 + c_4}{2} \qquad (4.1)$$

因此,基于测量路径 p_1-p_6 的数据信息,网络中只有链路 $l_{1,2}$ 是可识别的,并且所有的目标路径都是不可识别的。但是,对于这些不可识别的目标路径,基于本章提出的性能界限值推断算法,可以获得其性能(用 $c(P_i)$ 表示目标路径 P_i 的性能)界限区间:$B(c(P_1)) = [6, 14]$,$B(c(P_2)) = [1, 15]$ 和 $B(c(P_3)) = [0, 9]$。此时,所有目标路径 $\{P_1, P_2, P_3\}$ 的性能总误差界为 $31 = (14-6) + (15-1) + (9-0)$。

从图 4.1 的例子中可以看到,监测节点部署和端到端测量数据对网络路径的可识别性及路径性能界限值的计算具有重要的影响。为了更加全面地实现对网络路径性能界限值的监测,本章考虑并解决了以下两个关键问题。

(1)目标路径性能界限值的计算:在一个给定监测节点部署和监测节点之间端到端测量数据的网络中,如何有效地计算一组目标路径性能指标的最紧界限值(包括最紧的上界值和下界值)?

(2)新监测节点的部署:在一个给定初始监测节点和一组目标路径的网络中,如何通过部署新的监测节点来最大限度地提高目标路径性能界限区间的紧密性,即减小目标路径性能界限区间的长度?

下面将对上述两个问题进行深入研究,并分别提出高效的解决方法。同时,本章将对算法的有效性以及复杂度进行形式化分析。

4.2.2 最紧路径性能界限值推断算法

本节关注目标路径性能界限值的推算问题,即通过网络监测节点之间一组端到端的测量数据,有效地推算出所有目标路径最紧的性能界限值。在基于网络断层扫描的测量方法中,可以用一个线性方程组将网络内部性能状态与端到端测量数据联系起来。而目标路径性能指标的计算依赖于对线性方程组的求解。因此本节首先对线性方程组中目标路径性能的求解情况(即可识别性)进行分析,从而为路径性能界限值推断算法的设计提供参考;接着提出一种可识别子路径的判定方法;最后,综合阐述目标路径最紧性能界限值的推断算法。

4.2.2.1 线性方程组中目标路径的可识别性

在一个给定监测节点和端到端测量数据的网络中,基于网络断层扫描的测量方法本质上通过求解一个由端到端测量数据构成的线性方程组,推算出网络内部链路和路径的性能状态。为了便于对算法设计进行描述,本节用一个简单的例子来说明在线性方程组中路径性能的求解情况。

图 4.2 所示是一个包含 6 个节点和 10 条链路的网络拓扑，其中 v_3 和 v_4 为监测节点，路径 $p_1 = l_{4,2}l_{2,3}l_{3,5}l_{5,6}$（在节点 v_4 和 v_6 之间）和路径 $p_2 = l_{5,3}l_{3,1}l_{1,2}l_{2,4}l_{4,6}$（在节点 v_5 和 v_6 之间）为两条目标路径。为了计算出目标路径的性能，假设在监测节点 v_3 和 v_4 之间测量了 6 条端到端的路径（p_1-p_6）。用 $x_{i,j}$ 表示链路 $l_{i,j}$ 的性能数值，用 c_i 表示测量路径 p_i 的性能数据。对于可累加的链路性能，基于这些测量路径的数据信息，可以构建以下线性方程组：

$$\begin{cases} x_{3,1}+x_{1,2}+x_{2,4}=c_1 \\ x_{3,2}+x_{2,4}=c_2 \\ x_{3,5}+x_{5,6}+x_{6,4}=c_3 \\ x_{3,6}+x_{6,5}+x_{5,4}=c_4 \\ x_{3,5}+x_{5,4}=c_5 \\ x_{3,6}+x_{6,4}=c_6 \end{cases} \quad (4.2)$$

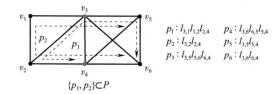

$$p_1 : l_{3,1}l_{1,2}l_{2,4} \quad\quad p_4 : l_{3,6}l_{6,5}l_{5,4}$$
$$p_2 : l_{3,2}l_{2,4} \quad\quad p_5 : l_{3,5}l_{5,4}$$
$$p_3 : l_{3,5}l_{5,6}l_{6,4} \quad\quad p_6 : l_{3,6}l_{6,4}$$

$$\{p_1, p_2\} \subset P$$

图 4.2　含有两个监测节点（v_3 和 v_4）的简单拓扑示例

从上面的方程组中，可以推算出链路 $l_{5,6}$ 的性能：$x_{5,6} =$

$(c_3+c_4-c_5-c_6)/2$。因此，基于监测节点 $\{v_3,v_4\}$ 和测量路径 (p_1-p_6) 的信息，只有链路 $l_{5,6}$ 是可识别的。尽管如此，从式（4.2）的线性方程组中，仍可以确切地推算出目标路径 P_2 的性能：

$$c(P_2)=c_1+(c_3-c_4+c_5+c_6)/2 \tag{4.3}$$

从上述例子中，对网络路径性能的可识别性有以下三个重要的观察。

观察 4.1 要获得一条路径的性能，没有必要测得该路径上每条链路的性能。换句话说，要实现一条路径的可识别性，并不一定要求该路径上每条链路都是可识别的。例如，在图 4.2 所示的网络中，可识别的目标路径 P_2 上的所有链路都是不可识别的。

观察 4.2 要获得一条路径的性能，可能需要测量一些不在该路径上的链路，即监测节点间端到端的测量可能包含一些不在该路径上的链路。例如，对于图 4.2 的目标路径 P_2，其性能测量涉及了不在 P_2 上的链路 $l_{3,6}$，$l_{5,4}$ 和 $l_{5,6}$ [如式（4.3）所示]。

观察 4.3 对于一条不可识别的路径，在该路径上仍可能存在一些可识别的链路或子路径。例如，在图 4.2 的网络中，虽然目标路径 P_1 是不可识别的，但 P_1 上的链路 $l_{5,6}$ 和子路径 $l_{4,2}l_{2,3}$（通过测量数据 c_2）都是可识别的。

若一条链路（或子路径）在给定的一组端到端测量数据下是可识别的，那么其性能界限值是确定的，即上界值和下界值等于同一个数。直观上，首先计算出该路径上所有链路的界限值，然后将这些链路界限值累加起来就可以获得该路径整体的界限值。然而，由于一条不可识别的目标路径也可能包含一些可识别的子路径，而可识别的子路径的界限值是确定的，所以这种简单累加链路界限值的计算方法很容易生成松弛的路径界限值。相反，如果可以在一条目标路径上找出尽可能多的可识别链路和子路径，则该条目标路径的界限值将相对确定，这将有利于减小目标路径性能的误差界。

不幸的是，现有大多数方程求解器（如高斯消元）旨在计算单个变量的解，即网络链路的性能指标值。一条目标路径通常包含多条链路，而为了推断一条路径的性能，可以不必计算出该路径上所有链路的性能（观察4.1）。因此，如何找出目标路径上可识别的子路径成了目标路径最紧性能界限值推断的关键问题。接下来，将针对该问题提出一种有效的解决方法。

4.2.2.2　可识别子路径的判定

一般来说，一条路径 P_i 上可能含有大量的子路径（长度从1到 $|P_i|$），依次判定每一条子路径可识别性的方式将会带来很大的计算开销。这就要求在不损失最优性的前提下，尽量缩小目标路径性能界限值推断过程中对其子路径可识别性判定的范围。

在网络断层扫描中，除了收集到的端到端测量数据外，监测节点的位置对路径的可识别性也具有重要影响。根据路径可识别性在网络拓扑和监测节点部署方面的充要条件[36]，在一种不恰当的监测节点部署下，无论收集到的端到端数据形式如何，一条路径都将是不可识别的。因此，在目标路径的子路径可识别性的判定中，可以首先排除在给定监测节点下不可识别的子路径。对于图 4.2 中的目标路径 P_1，由于其子路径 $l_{2,3}l_{3,5}l_{5,6}$ 在监测节点 v_3 和 v_4 下是不可识别的[36]，因此不需要检测该子路径在给定端到端测量数据下的可识别性。

基于路径可识别性条件[36]，可以首先从监测节点部署的角度找出目标路径上所有可识别的子路径。这些子路径将作为端到端测量数据下可识别性判定的候选子路径，用集合 S 表示。另外，路径性能指标的推算也依赖于监测节点间端到端的测量数据。因此，还需要检测候选子路径在与端到端测量数据对应的线性方程组中的可识别性，即在线性方程组中是否有唯一解。下面将对这个问题进行详细的分析。

在一个线性方程组 $Rx = c$ 中，可以使用包含测量矩阵（即系数矩阵）R 和测量路径数据 c 的增广矩阵（augmented matrix）来表示从监测节点上收集的端到端测量信息。对于式（4.2）的线性方程组，当 $x = (x_{1,2}, x_{1,3}, x_{2,3}, x_{2,4}, x_{3,4}, x_{3,5},$

$x_{3,6}, x_{4,5}, x_{4,6}, x_{5,6})^T$ 时，其增广矩阵 $\overline{R}$ 为

$$\overline{R} = \begin{pmatrix} 1 & 1 & 0 & 1 & 0 & 0 & 0 & 0 & 0 & 0 & c_1 \\ 0 & 0 & 1 & 1 & 0 & 0 & 0 & 0 & 0 & 0 & c_2 \\ 0 & 0 & 0 & 0 & 0 & 1 & 0 & 0 & 1 & 1 & c_3 \\ 0 & 0 & 0 & 0 & 0 & 0 & 1 & 1 & 0 & 1 & c_4 \\ 0 & 0 & 0 & 0 & 0 & 1 & 0 & 1 & 0 & 0 & c_5 \\ 0 & 0 & 0 & 0 & 0 & 0 & 1 & 0 & 1 & 0 & c_6 \end{pmatrix} \qquad (4.4)$$

其中，前面 10 列为式（4.2）方程组中测量矩阵 R 的元素，最后一列为 6 条测量路径的数据。

在线性代数中，为了获得方程组变量的解及系数矩阵的秩，通常将方程组的增广矩阵转换为最简行阶梯矩阵的形式。对于式（4.4）中的增广矩阵，其最简行阶梯矩阵为

$$\overline{R}_{ech} = \begin{pmatrix} 1 & 1 & 0 & 1 & 0 & 0 & 0 & 0 & 0 & 0 & c_1 \\ 0 & 0 & 1 & 1 & 0 & 0 & 0 & 0 & 0 & 0 & c_2 \\ 0 & 0 & 0 & 0 & 0 & 1 & 0 & 0 & 1 & 0 & c_3' \\ 0 & 0 & 0 & 0 & 0 & 0 & 1 & 0 & 1 & 0 & c_4' \\ 0 & 0 & 0 & 0 & 0 & 0 & 0 & 1 & -1 & 0 & c_5' \\ 0 & 0 & 0 & 0 & 0 & 0 & 0 & 0 & 0 & 1 & c_6' \end{pmatrix} \qquad (4.5)$$

其中，$c_3' = (c_3 - c_4 + c_5 + c_6)/2$，$c_4' = c_6$，$c_5' = (c_4 + c_5 - c_3 - c_6)/2$ 和 $c_6' = (c_3 + c_4 - c_5 - c_6)/2$。根据式（4.5）中的最简行阶梯矩阵，可以直接判断在式（4.2）方程组中只有一个变量有唯一解

（即 $x_{5,6}$）且测量矩阵 $\boldsymbol{R}$ 的秩等于6。

为了从监测节点间端到端测量数据中唯一地确定一条目标路径（或子路径）的性能，在与端到端测量数据对应的线性方程组中该条路径（或子路径）需要能够用已有的测量路径线性表示，即该条路径（或子路径）与已有测量路径是线性相关的。因此，可识别目标路径（或子路径）判定的基本策略是分析目标路径（或子路径）与已有测量路径之间的线性相关性。为此，本节迭代地将给定监测节点部署下的每条候选子路径 sp_i（在集合 S 里）加入与端到端测量数据对应的线性方程组中，此时子路径 sp_i 的性能指标 $c(sp_i)$ 是未知的。接着计算新线性方程组（即加入一条候选子路径 sp_i 后）的增广矩阵的最简行阶梯矩阵。通过比较原方程组测量矩阵的秩与新方程组测量矩阵的秩，可以判定候选子路径 sp_i 和已有测量路径是否线性相关。具体来说，如果新方程组测量矩阵的秩等于原方程组测量矩阵的秩，那么候选子路径 sp_i 与已有测量路径是线性相关的，此时候选子路径 sp_i 的性能指标可以由已有测量数据推断出来，即 sp_i 在给定的端到端测量数据下是可识别的。否则，候选子路径 sp_i 与已有测量路径是线性无关的，此时将不能从已有测量数据中推断出候选子路径 sp_i 的性能指标。

对于图4.2中的监测节点部署及端到端测量路径（p_1-p_6），在把目标路径 $P_2=l_{5,3}l_{3,1}l_{1,2}l_{2,4}l_{4,6}$ 加入式（4.2）方程组中后，可以得到一个新增广矩阵：

$$\bar{\boldsymbol{R}}' = \begin{pmatrix} 1 & 1 & 0 & 1 & 0 & 0 & 0 & 0 & 0 & 0 & c_1 \\ 0 & 0 & 1 & 1 & 0 & 0 & 0 & 0 & 0 & 0 & c_2 \\ 0 & 0 & 0 & 0 & 0 & 1 & 0 & 0 & 1 & 1 & c_3 \\ 0 & 0 & 0 & 0 & 0 & 0 & 1 & 1 & 0 & 1 & c_4 \\ 0 & 0 & 0 & 0 & 0 & 1 & 0 & 1 & 0 & 0 & c_5 \\ 0 & 0 & 0 & 0 & 0 & 0 & 1 & 0 & 1 & 0 & c_6 \\ 1 & 1 & 0 & 1 & 0 & 1 & 0 & 0 & 1 & 0 & c(P_2) \end{pmatrix} \quad (4.6)$$

另外，式（4.6）中增广矩阵的最简行阶梯矩阵为

$$\bar{\boldsymbol{R}}'_{ech} = \begin{pmatrix} 1 & 1 & 0 & 1 & 0 & 0 & 0 & 0 & 0 & 0 & c_1 \\ 0 & 0 & 1 & 1 & 0 & 0 & 0 & 0 & 0 & 0 & c_2 \\ 0 & 0 & 0 & 0 & 0 & 1 & 0 & 0 & 1 & 0 & c'_3 \\ 0 & 0 & 0 & 0 & 0 & 0 & 1 & 0 & 1 & 0 & c'_4 \\ 0 & 0 & 0 & 0 & 0 & 0 & 0 & 1 & -1 & 0 & c'_5 \\ 0 & 0 & 0 & 0 & 0 & 0 & 0 & 0 & 0 & 1 & c'_6 \\ 0 & 0 & 0 & 0 & 0 & 0 & 0 & 0 & 0 & 0 & c'(P_2) \end{pmatrix}$$

$$(4.7)$$

其中，$c'_3 = (c_3 - c_4 + c_5 + c_6)/2, c'_4 = c_6, c'_5 = (c_4 + c_5 - c_3 - c_6)/2, c'_6 = (c_3 + c_4 - c_5 - c_6)/2$ 及 $c'(P_2) = c(P_2) - c_1 - c'_3$。

从式（4.7）中的最简行阶梯矩阵，可以看出新方程组中测量矩阵（阶梯矩阵的前10列）的秩等于6，其等于原方程组中测量矩阵的秩［如式（4.5）所示］。因此，在给定的

端到端测量数据下目标路径 P_2 是可识别的，并且其性能指标值 $c(P_2) = c_1 + c_3' = c_1 + (c_3 - c_4 + c_5 + c_6)/2$。

另外，为了加速目标路径上对子路径可识别性的判定过程，可以首先按照子路径的长度对集合 S 中的候选子路径进行降序排列。根据排列的顺序，依次检测每条候选子路径的可识别性。通过对各子路径上链路的计数，对于一条新的子路径 sp_i，只有当已判定为可识别的子路径都不包含 sp_i 时，才将子路径 sp_i 加入线性方程组中以检测其可识别性，从而避免一些不必要的子路径检测。

4.2.2.3 目标路径最紧性能界限值的推断流程

从性能可识别性来看，在给定的端到端测量数据下，一条网络目标路径上有两种类型的子路径（及链路）：可识别的子路径（及链路）和不可识别的子路径（及链路）。在完成对子路径可识别性的判定后，可以找到目标路径上所有可识别的子路径及链路，而剩余的子路径及链路是不可识别的。由于可识别子路径和链路的性能界限值是确定性的（即其上界值等于其下界值），为了推算出目标路径最紧的性能界限值，只需要推算目标路径上不可识别子路径和链路的最紧性能界限值。

对于链路性能界限值的推断问题，第 3 章提供了一种有效的解决方法，能够基于网络中给定的一组监测节点和端到端测量数据，获得所有目标链路性能的最紧上界值和最紧下界值。通过将目标路径中不可识别子路径上的链路作为一组目标链路，可以利用第 3 章的方法（3.2.3 节）推算出这些目标链路的性能界限值。简单地说，目标链路最紧性能界限值推断算法通过选取目标链路的相关变量以及对网络拓扑扩展图 G_{ex} 进行裁剪的方式，缩小方程组中自由变量的选取范围，从而提高了目标链路界限值的计算效率。下面将给出网络目标路径最紧性能界限值推断的具体流程。

对于链路性能界限值的推断，基于给定的端到端测量数据可以得到一条链路性能（即一个变量）的自然界限区间（natural bound interval）。

定义 4.1　在一个线性方程组中，一个变量 x_i 的自然界限区间为 $[0, c_i]$，其中 c_i 为包含 x_i 的端到端测量数据，即包含 x_i 的方程的常数项。如果方程组中存在多个包含变量 x_i 的方程，则 x_i 的最紧自然界限区间为 $[0, c_{min}]$，其中 c_{min} 是所有包含 x_i 的端到端测量数据中的最小值。

对于一个给定目标路径（用集合 P 表示）及监测节点间端到端测量数据的网络 G，可以用以下步骤推导出所有目标路径的最紧性能界限值。

（1）确定在给定的监测节点下每条目标路径 P_i 上可识别的子路径并将其加入候选集合 S_i，接着用 4.2.2.2 节提出的方法判定每条候选子路径在端到端测量数据下的可识别性并把可识别的子路径加入集合 SP_i。

（2）构造网络拓扑 G 的扩展图 G_{ex}[103]，接着将目标路径上不可识别的子路径上的链路视为一组目标链路并利用裁图算法[82]对扩展图 G_{ex} 中不相关的分支进行裁剪。将裁剪后剩余的图记为 G_t。

（3）求解由给定端到端测量数据构建的线性方程组，并将可解的变量移到方程组右侧的常数项中，得到一个简化的线性方程组。接着计算简化的线性方程组中每一个变量 x_i 的最紧自然界限区间并将其记为 $\text{TNB}(x_i)$。

（4）对所有目标链路在线性方程组中的线性相关变量按其最紧自然界限区间的上界值进行升序排列。按照这个顺序，找出裁剪图 G_t 中满足以下条件的每一个线性相关变量的组合（记作 F_c）：①F_c 中的变量可以作为方程组的自由变量；②该变量组合具有最小的自然界限区间总长度。接着将所有符合条件的 F_c 加入一个候选的自由变量集合 CFV 中。

（5）对于集合 CFV 中的每一个自由变量组合 F_c，F_c 中变量的最紧自然界限区间即为它们最终的界限区间。由于方程组中的每一个非自由变量 x_p（对应于一条不可识别的目标链路 l_p）可以由 F_c 中的自由变量线性表示，通过将 F_c 中自由变量的最紧自然界限区间代入该线性表示，将获得 x_p 的一个性能界限区间（记为 $B_c(x_p)$）。接着将 $B_c(x_p)$ 和最紧自然界限区间 $\text{TNB}(x_i)$ 的交集作为 x_p 最终的性能界限区间。最后，通过将每一条目标路径 P_i 上可识别子路径（在集合 SP_i 中）的性能指标值与不可识别链路的性能界限区间累加，获得目

标路径 P_i 最终的性能界限区间 $B(c(P_i))$。

（6）集合 CFV 中的每一个自由变量组合 F_c 都会生成一个目标路径的总误差界（用 TEBP 表示），即 $TEBP = \sum_{P_i \in P} |B(c(P_i))|$，其中 $|B(c(P_i))|$ 为目标路径 P_i 最终的性能界限区间长度。输出 CFV 中所有自由变量组合 F_c 生成的 TEBP 的最小值及其对应的目标路径性能界限值。

与目标链路性能界限值推断类似，在步骤（4）中对目标路径上不可识别链路的相关变量进行排序，从而加快对目标路径性能界限值的推断。接着在步骤（5）中使用 CFV 中的第一个自由变量组合（即自然界限区间总长度最小的组合）来计算目标路径上不可识别链路的界限值。当存在多个具有最小自然界限区间总长度的自由变量组合时，步骤（6）确保可以获得所有目标路径的最紧性能界限值。

4.2.3 最紧路径性能界限值推断算法分析

在 4.2.2 节提出的网络目标路径性能界限值的推断算法中，首先从监测节点部署和端到端测量的角度对目标路径及其子路径的可识别性进行了判定，找出了目标路径上可识别的子路径。接着，将目标路径上不可识别子路径上的链路（即不可识别的链路）作为目标链路，并利用第 3 章提供的目标链路性能界限值推断算法计算这些目标链路的界限值。最后通过累加目标路径上可识别子路径的性能值以及不可识别子路径的界限值，得到整条路径的界限值。下面的定理说明了所提出的目标路径性能界限值推断算法的最优性。

定理 4.1 本章提出的算法（4.2.2 节）推算出的目标路径性能界限值是从给定的端到端测量数据中可以得到的最紧的目标路径性能界限值。

证明 基于现有路径可识别性条件的充分性[36]，本章提供的可识别子路径的判定方法可以找到目标路径上所有的可识别子路径并计算出其确切的性能指标值（4.2.2.2 节）。对于目标路径上不可识别的子路径和链路，根据第 3 章的定理 3.2，所提算法可以获得这些不可识别子路径和链路的最紧性能界限值。因此，通过对目标路径上可识别子路径的性能值及不可识别子路径最紧界限值的累加，可以推算出目标路径最紧的性能界限值。

4.2.4 新监测节点的部署算法

在推算出一个具有少量初始监测节点的网络中目标路径的性能界限值后，随之而来的一个问题是：如果允许管理员在网络中部署一个额外的监测节点，应该把这个新监测节点部署在哪里，从而最大限度地减小目标路径性能界限区间的长度（即误差界）。本节将提出一种新监测节点的部署算法以有效地解决这个问题。本节首先对网络目标路径性能界限区间的变化情况进行分析，然后给出新监测节点部署算法的主要流程。

4.2.4.1　目标路径性能界限值的减少分析

在初始监测节点部署下，目标路径上通常存在一些可识别的子路径及链路。对于可识别的子路径及链路，其性能界限值是确定的。因此，为了减少目标路径的界限值，只需要减少目标路径上不可识别子路径及链路的界限值。由于不可识别子路径及链路界限值的减少只会受新增加的可识别路径及链路的影响，本节首先研究在一个新监测节点部署下网络 G 中路径和链路可识别性的变化情况。

为了便于分析，本节将网络原拓扑 G 转换成扩展图 G_{ex} 的形式。具体地讲，对于一个含有 $\kappa(\kappa \geqslant 2)$ 个监测节点的网络拓扑 G，首先在 G 中引入两个虚拟监测节点 m_1' 和 m_2'，然后在每个实际监测节点和每个虚拟监测节点之间增加一条虚拟链路并在两个虚拟监测节点之间也增加一条虚拟链路，这样将可以得到拓扑 G 的扩展图 G_{ex}。由于原网络拓扑 G 的路径（及链路）可识别性与扩展图 G_{ex} 的路径（及链路）可识别性是相同的，所以可以关注只包含两个监测节点 $\{m_1', m_2'\}$ 的扩展图 G_{ex} 中的路径（及链路）可识别性。通过将拓扑扩展图 G_{ex} 划分为多个 SPQR 分支（即3-点连通分支和环分支），可以将 G_{ex} 中的所有分支排列成一棵树的形状，即 SPQR 树[36]。同时，在一棵 SPQR 树中，根分支（即包含监测节点 m_1' 和 m_2' 的 SPQR 分支）的所有实际链路都是可识别的。

在一个扩展图 G_{ex}（对应于一个给定目标路径 P 的网络 G）中，首先需要确定应该把新监测节点 m_{new} 部署在哪一个 SPQR 分支上。在 G_{ex} 中加入一个新的监测节点 m_{new} 并在 m_{new} 和已有监测节点 m_1'、m_2' 之间增加两条虚拟链路后，将会把 G_{ex} 原来对应的 SPQR 树转变成一棵新的 SPQR 树。为此，下面分析新监测节点的部署会如何改变 SPQR 树的结构以及影响网络路径和链路的可识别性。

与目标链路性能界限值的减少分析类似，由于把新监测节点 m_{new} 部署在 SPQR 树的根分支 T_0 中不会改变原来 SPQR 树的结构，从而也不会影响网络路径和链路的性能界限值，因此 T_0 将不会是 m_{new} 部署的候选分支。对于新监测节点在 SPQR 树中非根分支上的部署，根据 SPQR 树包含的非根分支类型，有两种可能的情况。第一种情况是 SPQR 树中所有的非根分支都是 3-点连通分支。以图 4.3 所示的 SPQR 树为例，如果将新监测节点 m_{new} 部署在一个叶子分支 T_3（对应于子树 $T_0-T_1-T_2-T_3$）上，在增加两条虚拟链路 $l_{m_1',m_{new}}$ 和 $l_{m_2',m_{new}}$ 后，将会使分支 T_0,T_1,T_2 和 T_3 包含在新 SPQR 树的根分支 T_0' 里（如图 4.3（b）所示）。此时，分支 T_1,T_2 和 T_3 里的所有路径及链路都将变为可识别的。相反，如果将新监测节点 m_{new} 部署在一个非叶子分支 T_2 上，则只有分支 T_0,T_1 和 T_2 包含在新 SPQR 树的根分支 T_0' 里（如图 4.3（c）所示）。此时，只有 T_1 和 T_2 中的路径和链路会变为可识别的。可以看出，当 SPQR 树中所有非根分支都是 3-点连通分支时，将

新监测节点 m_{new} 部署在一个叶子分支的任意节点上可以最大限度地缩小 SPQR 树中所有目标路径的性能界限区间。

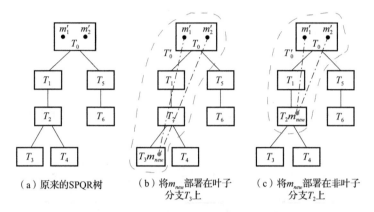

（a）原来的SPQR树　　（b）将m_{new}部署在叶子分支T_3上　　（c）将m_{new}部署在非叶子分支T_2上

图 4.3　SPQR 树上所有非根分支是 3-点连通分支的新监测节点部署示例

第二种情况是在原来的 SPQR 树中有一些非根分支是环。不同于第一种情况，将新监测节点 m_{new} 部署在一棵子树的叶子分支上并不一定能使整棵子树都包含在新 SPQR 树的根分支 T'_0 里。以图 4.4（a）所示的 SPQR 树为例，树中存在一个非根的环分支 T_1，且该分支上存在一条目标路径 $l_{2,1}l_{1,9}l_{9,8}l_{8,6}$。此时，如果将新监测节点 m_{new} 部署在叶子分支 T_2（如节点 v_5）上，即使增加两条虚拟链路 $l_{m'_1,m_{new}}$ 和 $l_{m'_2,m_{new}}$ 后，环分支 T_1 中的一些子分支（$\{v_1,v_2,v_3\}$ 和 $\{v_6,v_8,v_9\}$）也不会包含在新 SPQR 树的根分支 T'_0 里（如图 4.4（b）所示）。另外，把 m_{new} 部署在一个环分支的不同节点上也可能会造成不同的 SPQR 树结构以及不同的路径可识别性。例如，在图 4.4（c）中，如果把 m_{new} 部署在 T_1 的节点 v_2 上，则子路径 $l_{2,1}l_{1,9}$ 将会包含在新 SPQR 树的根分支 T_0' 里；而如果将 m_{new} 部署在节点 v_7 上，则子路径 $l_{1,9}$ 和 $l_{6,8}$ 将会包含在新 SPQR 树的根分支 T_0' 里。因此，当一个环分支含有目标路径（或目标路径的子路径）时，为了最大限度地缩小目标路径的性能界限区间，需要选取一个合适的环中节点以部署新的监测节点 m_{new}。

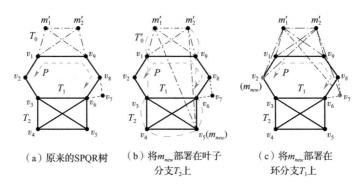

（a）原来的SPQR树　　（b）将m_{new}部署在叶子　　（c）将m_{new}部署在
　　　　　　　　　　　　　　分支T_2上　　　　　　　环分支T_1上

图 4.4　SPQR 树上有一些非根分支是环的新监测节点部署示例

4.2.4.2　新监测节点部署算法的流程

基于上一节对目标路径性能界限值减少的分析，本节将正式提出一种新监测节点的部署算法（new monitor placement for bound reduction of interesting paths，MPIP），通过在网络中部署一个新监测节点，从而最大限度地减小所有目标路径的

性能界限区间总长度，即减少所有目标路径性能总误差界
（TEBP）。

算法 4.1 给出了新监测节点部署算法 MPIP 的具体流程。算法的输入是含有一组初始监测节点 M_0 的网络拓扑 G，以及一组需要测量的目标路径 P。算法的输出是一个新监测节点的部署 O_{new}。对于一个 SPQR 连通分支 T_i，分别用 $V(T_i)$ 和 $L(T_i)$ 表示 T_i 中的节点集合和链路集合，用 $R(T_i)$ 表示 T_i 中的优势节点（vantage）集合，以及用 F_i 表示 T_i 中供新监测节点部署的候选节点。此外，算法中用 TEBP(O) 表示在监测节点部署 O 下目标路径性能的总误差界，用 ΔTEBP 表示目标路径性能总误差界的减少量，它等于新监测节点部署前与部署后目标路径性能总误差界的差值。

算法 4.1　新监测节点的部署算法（MPIP）

输入：一个具有初始监测节点 M_0 的网络拓扑 G，目标路径集合 P
输出：一个新监测节点的部署方式 O_{new}
1：构造拓扑 G 的扩展图 G_{ex}，将 G_{ex} 中在初始监测节点 M_0 下不可识别的子路径上的链路视为目标链路并利用裁图算法[82]对 G_{ex} 进行裁剪（生成一个裁剪后的图 G_t 以及一个辅助节点集合 H），最终 G_t 的连通分支将排列成一棵 SPQR 树。
2：将 SPQR 树中所有的叶分支加入集合 $L = \{T_l^1, T_l^2, \cdots, T_l^k\}$，将其对应的子树加入集合 $ST = \{ST_1, ST_2, \cdots, ST_k\}$，并将子树 ST_i 中的环加入集合 $C_i = \{T_1, T_2, \cdots, T_\zeta\}$。
3：$\Delta_{max} = 0$；
4：TEBP(M_0, v) = TEBP(M_0) − TEBP$(M_0 \cup \{v\})$；
5：**for** each $ST_i \in ST$ **do**

6：   **if** $C_i = \varnothing$ **then**

7： $F_i = V(T_l^i) \backslash R(T_l^i)$;

8： $v_m = v, v \in F_i$;

9： $\Delta \text{TEBP} = \text{TEBP}(M_0, v_m)$;

10：   **if** $\Delta \text{TEBP} > \Delta_{\max}$ **then**

11： $O_{new} = \{v_m\}, \Delta_{\max} = \Delta \text{TEBP}$;

12： **else**

13：   **for** each cycle $T_i \in C_i$ **do**

14：   用 μ_1, μ_2 表示 T_i 的两个优势节点（vantage）；

15：   **if** $(L(T_i) \backslash \{l_{\mu_1, \mu_2}\}) \cap P \neq \varnothing$ **then**

16：   find $v_m = \arg \max_v \text{TEBP}(M_0, v)$ over

                    $v \in F_i, F_i = (V(T_i) \backslash R(T_i)) \cup H(T_i)$;

17： $\Delta \text{TEBP} = \text{TEBP}(M_0, v_m)$;

18：   **if** $\Delta \text{TEBP} > \Delta_{\max}$ **then**

19： $O_{new} = \{v_m\}, \Delta_{\max} = \Delta \text{TEBP}$;

20：   **if** $T_l^i \notin C_i$ **then**

21： $F_i = V(T_l^i) \backslash R(T_l^i)$;

22： $v_m = v, v \in F_i$;

23： $\Delta \text{TEBP} = \text{TEBP}(M_0, v_m)$;

24：   **if** $\Delta \text{TEBP} > \Delta_{\max}$ **then**

25： $O_{new} = \{v_m\}, \Delta_{\max} = \Delta \text{TEBP}$;

26：return O_{new} ;

算法 MPIP 首先构造了拓扑 G 的扩展图 G_{ex}[36]。为了缩小网络监测节点部署的搜索空间，将已有监测节点 M_0 下目标路径中不可识别的子路径上的链路视为一组目标链路，并利用裁图算法[82]对扩展图 G_{ex} 中没有不可识别目标链路的连通分支进行裁剪，将裁剪后的图记为 G_t。同时为了不影响

监测节点部署性能，保留了裁剪的连通分支中的部分节点，即一个辅助节点集合 H。最终，G_i 中的连通分支将排列成一棵 SPQR 树（第 1 行）。接着算法 MPIP 记录了 SPQR 树的叶子分支以及与其对应的子树（从根分支到叶子分支），同时记录了每棵子树上的环分支（第 2 行）。然后，算法依次计算将新监测节点部署在不同子树上时目标路径性能总误差界的减少量，从而获得一种可以最大限度地减少目标路径性能总误差界的监测节点部署（第 3~25 行）。具体来讲，在一棵子树 ST_i 中，如果没有任何的环分支，算法只需要计算将新监测节点部署在 ST_i 的叶子分支的任意一个内部节点（即非优势节点）上时，目标路径性能总误差界的减少量（第 6~11 行）。否则，当子树 ST_i 存在环分支时，算法需要计算将新监测节点部署在 ST_i 的每一个含有目标路径的环分支上时，目标路径性能总误差界的减少量（第 12~19 行）。需要注意的是，一个环分支 T_i 上的候选部署节点可以是 T_i 中所有的内部节点，也可以是与 T_i 中链路相关联的辅助节点 $H(T_i)$（第 16 行）。同时，当子树 ST_i 的叶子分支 T_i^l 是一个 3-点连通分支时，算法 MPIP 也比较了分别将新监测节点部署在非叶子的环分支和 T_i^l 的一个内部节点上时，目标路径性能总误差界的减少量（第 20~25 行）。最终，通过对将新监测节点部署在 SPQR 树的环分支和叶子分支上时目标路径性能总误差界减少量的比较，算法输出一个最优的新监测节点部署 O_{new}（第 26 行）。

这里使用了前文提出的最紧路径性能界限值推断算法（4.2.2 节）以获得在已有监测节点和新监测节点部署下的目标路径性能总误差界，即算法 MPIP 中 TEBP(O) 的数值。虽然算法 MPIP 关注的是如何在网络中部署一个新监测节点以最大限度地降低目标路径性能总误差界，但也可以将其应用于最少监测节点的部署问题，即如何部署最少数量的新监测节点以满足管理员和用户对目标路径性能总误差界减少量的需求。简单来说，只需要迭代地使用算法 MPIP 在网络中部署一个新的监测节点，直到在所有监测节点下，目标路径性能总误差界的相对减少量不小于需求值 θ，即 $(\text{TEBP}_0 - \text{TEBP}_1)/\text{TEBP}_0 \geq \theta$，其中 TEBP_0 和 TEBP_1 分别表示在所有新监测节点部署前与部署后的目标路径性能总误差界。

4.2.5 新监测节点的部署算法分析

本小节对新监测节点部署算法 MPIP 的时间复杂度进行形式化分析。由于新监测节点部署算法 MPIP 调用了路径最紧性能界限值的推断算法，下面首先分析网络路径最紧性能界限值推断的时间复杂度，然后分析新监测节点部署算法 MPIP 的时间复杂度。

在路径最紧性能界限值的推断算法（4.2.2 节）中，为了找出所有目标路径上可识别的子路径，通过将线性方程组系数矩阵转换为最简行阶梯矩阵的方式来判断每条子路径在

给定端到端测量数据下的可识别性。对于一个含有目标路径集合 P 的网络 $G=(V(G),L(G))$，其每条目标路径上的子路径数目为 $O(|V(G)|^2)$，而在与端到端测量数据对应的线性方程组中最简行阶梯矩阵的转换需要消耗 $O(|L(G)|^2)$ 时间[102]。因此，目标路径及其子路径可识别性判定的时间复杂度为 $O(|P||V(G)|^2|L(G)|^2)$。此外，对于目标路径上不可识别子路径及链路性能界限值的推断，算法应用了第 3 章所提的目标链路最紧性能界限值推断方法，其时间复杂度为 $O\left(\dfrac{|L(G_t)|}{\mathrm{rank}(\boldsymbol{R}')}\right)$。其中，$|L(G_t)|$ 为网络拓扑裁剪后剩余的链路数目，$\mathrm{rank}(\boldsymbol{R}')$ 为简化后线性方程组（将可解变量移到原方程组的右侧）系数矩阵的秩。因此，目标路径最紧性能界限值推断算法的时间复杂度为

$$O\left(|P\|V(G)|^2|L(G)|^2+\left(\dfrac{|L(G_t)|}{\mathrm{rank}(\boldsymbol{R}')}\right)\right)。$$

在新监测节点部署算法 MPIP 中，为了缩小监测节点部署的选取空间，首先利用裁图算法[82]裁剪了网络拓扑中无关的连通分支，接着比较了将新监测节点部署在与裁剪图对应的 SPQR 树的每个环分支和叶子分支上时目标路径性能界限区间长度的减小量。因此，新监测节点部署算法的时间复杂度主要依赖于拓扑裁剪和对目标路径性能界限值计算的复杂度。对于一个网络 $G=(V(G),L(G))$，拓扑裁剪可以在线性时间内完成，即其时间复杂度为 $O(|V(G)|+|L(G)|)$。

此外，网络 G 的点连通分支数目为 $O(|V(G)|)$。因此，新监测节点部署算法 MPIP 的总体时间复杂度为

$$O\left(|P||V(G)|^3|L(G)|^2+|V(G)|\binom{|L(G_t)|}{\mathrm{rank}(\boldsymbol{R}')}\right)。$$

4.3　性能评价

前面两节详细地描述了网络目标路径最紧性能界限值的推断以及最大化目标路径性能界限值减少量的新监测节点部署算法。本节使用真实的 ISP 网络拓扑来验证新监测节点部署算法的性能。本节首先介绍实验的评价方法，其次说明实验的结果。

4.3.1　评价方法

本节使用 Rocketfuel 项目[104] 中收集的真实网络拓扑来测试监测节点部署算法的性能。这些拓扑描述了全球多个主要 ISP 网络中骨干/核心路由器之间的连接关系。为了评估不同网络拓扑对算法性能的影响，本节从 Rocketfuel 项目中选取了 4 个不同规模的拓扑。表 4.1 展示了这些网络拓扑的参数信息，其中 $|V|$ 和 $|L|$ 分别代表网络节点和网络链路的数目，N_B 和 N_T 分别代表网络拓扑中 2-点连通分支和 SPQR 分支（3-点连通分支及环分支）的数目。"Avg. Node Deg."表示网络节点的平均度数（即平均连接的链路数目）。

表 4.1   不同 AS 网络拓扑的参数信息

拓扑	$\lvert V \rvert$	$\lvert L \rvert$	N_B	N_T	Avg. Node Deg.
AS1755	172	381	28	65	4.43
AS3257	240	404	142	171	3.37
AS1221	318	758	107	136	4.47
AS7018	631	2078	58	158	6.59

实验评价的指标为在网络拓扑中部署一个新监测节点时目标路径性能界限区间长度（即目标路径性能总误差界 TEBP）的减少量，以及为了满足管理员和用户对目标路径性能界限区间长度减少量的需求而部署的新监测节点数目。在实验评价中，本小节实现并比较了以下 3 个算法。

● 最大化可识别目标路径数目的监测节点部署算法（MAIP）[36]：该算法选择将新监测节点部署在能够使网络中可识别的目标路径数目最多的节点上。

● 最大化所有目标链路性能界限区间长度减少量的监测节点部署算法（NMPI）：该算法即为第 3 章提出的算法，它将目标路径上所有的链路当作一组目标链路，并将新监测节点部署在使所有目标链路性能界限区间总长度减少量最多的节点上。

● 最大化目标路径性能界限区间长度减少量的监测节点部署算法（MPIP）：该算法为本章提出的算法（4.2.4 节），它通过优化监测节点的部署，最大限度地缩小网络目标路径的性能界限区间。

在每一个网络拓扑中，随机地选取网络节点间不同数目的路径作为目标路径（即需要测量性能的路径），同时目标路径的长度服从在［1,15］范围内的均匀分布。实验将时延作为测量的性能对象。为了量化监测节点部署前后目标路径性能界限值的变化情况，本节对每条链路的时延随机地赋予一个在｛1,30｝范围内的数值（单位为s）。此外，在网络的每个边缘2-点连通分支上随机地选择一个节点作为初始的监测节点。为了更全面地验证算法性能，本节在每一种网络设置下重复进行了100次仿真实验，并给出了实验的平均结果。

4.3.2 路径性能界限紧密性评价

本小节首先比较不同算法在目标路径性能界限区间缩小上的表现，即在一个具有初始监测节点的网络中部署一个新监测节点后目标路径性能界限区间长度的减少量，它代表了路径性能界限区间紧密性的提高程度。图4.5显示了在4个ISP网络拓扑中，随着目标路径数目的增加，不同新监测节点部署算法对所有目标路径性能界限区间总长度的减少量。这里用新监测节点部署前后目标路径性能总误差界（TEBP）的减少量表示。可以看到，在所有的网络拓扑和目标路径数目设定中，相比于 MAIP 及 NMPI 两个已有算法，本章提出的算法 MPIP 始终能够减少更多的目标路径性能总误差界，即可以最大限度地提高目标路径性能界限区间的紧密性。例如，当网络中有100条目标路径时，MPIP 实现的目标路径性能总误差界减少量分别是 MAIP 和 NMPI 实现的目标路径性能总误差界减少量的 1.3～2.9 倍和 1.2～2.2 倍。算法 MAIP 取得的目标路径性能总误差界的减少量并不一定随着目标路径数目的增加而变大。出现这种现象的原因是 MAIP 旨在最大化网络可识别（即性能指标唯一确定）的目标路径数目，使网络中更多的目标路径变得可识别并不一定有助于提高所有目标路径性能界限区间的总体紧密性，尤其是当网络连通性比较差时更是如此。

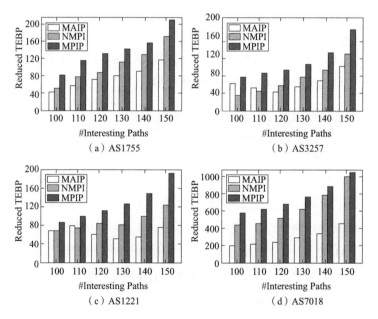

图 4.5　一个新监测节点部署下目标路径性能
总误差界（TEBP）的减少量

另外，图 4.5 的结果也表明 MPIP 相比其他算法的性能提升在不同网络拓扑中是不一样的。例如，当网络中存在 150 条目标路径时，在拓扑 AS1755 中，相比 MAIP 和 NMPI，MPIP 分别能够进一步减少 78.6% 和 22.8% 的目标路径性能总误差界；而在拓扑 AS3257 中，相比 MAIP 和 NMPI，MPIP 分别能够进一步减少 84.2% 和 43.9% 的目标路径性能总误差界。这是因为拓扑 AS3257 的连通性比拓扑 AS1755 的连通性更差，使其路径及链路的可识别性需要依赖于更多连通分支中监测节点的部署。因此，相比于简单地最大化可识别路径的数目（如 MAIP）及减少目标路径上所有链路的性能误差界（如 NMPI），细粒度的路径可识别性分析（如 MPIP）更有利于减少目标路径性能的总误差界。

4.3.3　新监测节点部署开销评价

实验还评估了为达到期望的目标路径性能总误差界减少量而需要部署的新监测节点数目。用网络新监测节点部署前后目标路径性能总误差界的相对减少量 θ 来表示网络管理员及用户的特定需求。图 4.6 显示了对于拓扑 AS1755 和拓扑 AS3257，当需求量参数 θ 从 0.2 增加到 1 时不同算法需要部署的监测节点数目。此时网络中有 120 条目标路径。和预期一样，随着参数 θ 的增加（即目标路径性能总误差界需要更大程度的减少），监测节点部署的数目也会增加。同时，可以看到 MPIP 在所有网络场景中部署了最少的监测节点。具体地讲，相比 MAIP 和 NMPI，MPIP 可以分别减少 20% ~ 62.5%和 22.3% ~ 50.4%的监测节点。因此，MPIP 的部署开销要比 MAIP 和 NMPI 的部署开销小得多。

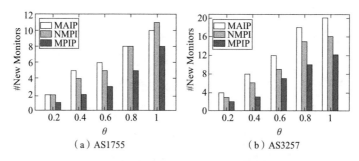

（a）AS1755　　　　　（b）AS3257

图 4.6　目标路径性能总误差界减少量（θ）
不同需求下新监测节点的数目

4.4　本章小结

本章详细介绍了一种基于界限值推断的路径测量技术，便于服务提供商与网络管理员以较小的开销实现对网络关键应用与服务端到端性能的监测。本章的主要创新点归结如下。

（1）本章首次考虑了对网络端到端路径性能界限值的测量问题。现有研究工作主要针对的是网络链路性能的测量。相比于链路测量，路径测量更加依赖于网络拓扑的连通性以及监测节点的部署方式，从而具有更大的复杂性。另外，在满足测量需求的前提下，通过对网络端到端路径性能界限值的计算，可以显著降低测量的开销，符合实际大规模网络的应用现状。

（2）本章提出了一种高效的路径性能界限值推断算法，能够在任意一个给定监测节点、端到端测量数据和目标路径的网络中快速地推断出所有目标路径最紧的性能上界值和性能下界值。同时本章证明了所提算法的最优性。

（3）本章提出了一种新监测节点的部署算法 MPIP，在网络已有监测节点的基础上，通过部署一个新监测节点以最大限度地缩小目标路径性能界限区间以及通过部署最少的监测节点以满足管理员和用户对目标路径性能界限区间长度减少量的需求。实验表明 MPIP 在目标路径性能界限区间长度上的减少量是现有最好方法的 2.2～2.9 倍。同时，在多种网络设置下，MPIP 显著地减少了监测节点的数目。

第5章

基于时变拓扑序列的链路测量技术

5.1 需求与挑战

第 3 章和第 4 章描述了实现测量精度、测量粒度与测量开销之间平衡的网络测量技术。这一灵活的测量技术以及现有很多其他网络断层扫描方法[30,36,80,83]的典型工作模式是基于已知的网络拓扑结构，部署一定数目的监测节点并收集这些监测节点之间探测包的测量数据，接着结合网络拓扑结构信息建立关于链路性能（或状态）和端到端测量数据的方程组，最后通过求解方程组推算出网络内部性能（或状态）。然而，当网络拓扑结构动态更新时，某一时刻可用的路由路径在另一时刻可能就变得不可用，这将影响网络测量的有效性。另外，某一时刻需要的监测节点在其他时刻可能是冗余的，这将带来不必要的成本与开销。因此，本章针对网络拓扑的动态性提出高效及稳健的测量技术，在保证拓扑变化后测量有效性的同时，尽可能地减少测量的开销。这种测量技术实现过程中面临多方面的需求与挑战。

5.1.1 拓扑动态性

随着物联网、软件定义网络和车联网等网络技术和形态的兴起，动态拓扑结构越来越成为这些新型网络的重要特征[17]。例如，由于信道质量、节点位置及数据流量等因素的动态性，动态路由协议（如 RPL[12]、蓝牙多跳路由[13] 等）被广泛应用于提高低功耗无线网络的通信质量，使得一个节点的数据包可以经过不同的路由路径到达另一个节点，而网络数据包路由路径的不同刻画了网络拓扑结构的变化；在软件定义数据中心网络中，流量分割（traffic splitting）[110] 技术以及重路由（re-routing）[111] 技术被广泛用于负载均衡以及异常恢复，从而使得相同源节点的数据包通过不同的路由路径到达目的节点，这同样导致了网络拓扑的动态性。

此外，无线自组织网络由于通信资源有限及外部环境的干扰，其拓扑结构也存在高度的动态性。例如，分布式路由协议被广泛应用于实际部署的无线传感网络。在这些分布式路由协议（如数据收集树协议 CTP[15]）中，一个传感器节点上数据包转发的下一跳节点是动态确定的。具体地讲，一个传感器节点首先估计其到邻居节点之间无线链路的通信质量。接着，该传感器节点根据邻居链路质量的好坏及邻居节点到汇聚节点（即基站节点）的通信质量选择一个综合质量最好的邻居节点作为数据包转发的下一跳节点。上述传感器数据包路由的动态性也体现了网络拓扑结构的动态性。图 5.1 显示了一个实际部署的无线传感网络拓扑的动态性。该网络由部署在海洋表面的数十个传感器节点组成，这些节点会周期性地采集和传输海水温度、深度、光照及污染等数据信息[112]。图 5.1 的横轴表示的是测试时间段，纵轴表示网络拓扑结构的变化次数。从图中可以看到，在短短 10 分钟时间内，网络拓扑就发生了 10 至 40 次的更新。这个结果反映了当前已部署网络普遍存在拓扑结构动态变化的情况。

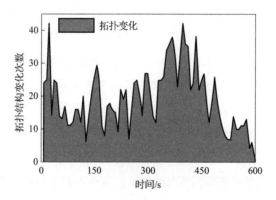

图 5.1　实际无线传感网络拓扑结构的动态性

　　面对实际应用中网络拓扑结构的动态性，如何保证网络测量的有效性成为一个亟须解决的问题。

5.1.2 预先式监测节点部署

从 5.1.1 节的描述中可以看出，拓扑动态性普遍存在于多种形式的网络中。随着应用过程中网络拓扑结构的变化，在某一时刻拓扑中可行的测量方法可能不适用于另一时刻拓扑中的测量，即拓扑变化前的测量方法失效。注意到当前网络断层扫描方法已经可以实现对静态拓扑的性能测量[80,83]，为了保证动态拓扑网络测量的有效性，一种简捷的方法是：每当网络拓扑发生变化时，使用已有基于静态拓扑的网络断层扫描方法在新生成（或更新）的网络拓扑中重新部署一遍监测节点，接着通过收集新部署监测节点间的端到端测量数据，推算出拓扑变化后的链路性能。这种应急式（reactively）的监测节点部署方法虽然可以实现对不同网络拓扑的性能测量，但频繁地变动监测节点的位置容易给服务提供商与网络管理员带来难以忽略的软硬件更换成本和人力开销。例如，在无线传感网络中，传感器节点大多数是放置在户外的。由于环境的复杂性和节点资源的高度受限，网络一旦部署出去，要更换或升级传感器节点是比较困难且耗时的。另外，频繁地变动网络监测节点的部署位置也不利于测量任务的连续执行，难以保证网络测量的稳定性。

为了保证对动态拓扑网络性能的稳定监控，需要有一个能够预先式（proactively）应对拓扑变化的监测节点部署策略，以使服务提供商和网络管理员可以在网络拓扑变化前

（如网络规划阶段）完成对拓扑变化后所有必需监测节点的部署。

5.2 设计与实现

本节将详细阐述面对网络拓扑动态性如何在保证测量有效性的同时最大限度地降低测量的成本与开销。首先，本节将给出一个简洁而通用的时变拓扑刻画模型，其中包括对网络测量场景的描述；其次，本节重点介绍本章所提出的预先式监测节点部署算法；最后，本节将给出形式化的理论分析，以证明所提算法的有效性以及复杂度。

5.2.1 时变拓扑刻画模型

利用断层扫描方法进行网络测量需要网络的拓扑信息作为基础。尽早地获取动态网络在各个时刻的拓扑信息，有助于监测节点的部署和探测包的发送及收集。因此，本小节研究了基于网络运行模式及时空相关性分析的动态拓扑刻画模型。注意到在很多实际应用场景中网络具有相对固定的运行模式，例如，运行路线和调度周期固定的公交车网络和卫星网络、睡眠及工作状态周期性切换的低功耗传感器网络（如图5.2所示）。基于过去一段时间的拓扑统计信息，可以在很大程度上推断出未来时间内网络的拓扑形式。另外，利用已有拓扑预测方法[113-114] 以及拓扑的时空相关性，可以进一步提高拓扑预测的准确性。

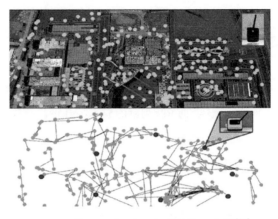

图 5.2 传感网 CitySee 拓扑结构示意图[25]

在预测得到未来一段时间内网络所有可能的拓扑结构后，本小节设计了一个简洁通用的时变网络模型来刻画网络在该段时间内的拓扑变化。简单地说，首先把网络测量周期（或网络生命周期）划分成若干个等长的时隙（slot），然后用一个拓扑序列的形式表述网络在各个时隙上的拓扑结构：

$$\{G_1, G_2, \cdots, G_t, \cdots, G_T\} \tag{5.1}$$

其中，T 表示网络时隙的个数，$G_t = (V, L_t)$ 表示网络在第 t 个时隙上的拓扑结构。由于网络节点的变动（如加入或删除）可以转换为与该节点相连接链路的变动，本节的拓扑刻画模型主要关注网络链路的变动，即时变模型中每个时隙的拓扑 G_t 具有相同的节点集合 V 和不同的链路集合 L_t。

图 5.3 所示为一个含有 4 个节点 $\{v_1, v_2, v_3, v_4\}$ 的动态拓扑网络在 3 个不同时隙上的拓扑结构。

图 5.3　一个动态拓扑网络示例

对于每一个时隙拓扑 $G_t = (V, L_t)$，网络管理员需要测量其中所有链路或者一部分特定链路的性能状态，用一个集合 $I^{(t)} \subseteq L_t$ 表示这些需要测量的目标链路。需要说明的是，本小节的测量方法不要求固定的目标链路集，也就是说每个拓扑 $G_t(t = 1, \cdots, T)$ 的目标链路集 $I^{(t)}$ 可以是不一样的，即 $I^{(1)} \neq I^{(2)} \neq \cdots \neq I^{(T)}$。此外，本小节假设单个时隙拓扑中链路性能指标是可累加且稳定的，其中稳定的链路指标指的是链路指标值相对于测量过程是变化缓慢的。本节用 uv 表示节点 u 和节点 v 之间的链路，同时假定网络中链路是对称的，即链路 uv 的性能指标（如时延、丢包率等）和链路 vu 的性能指标是一样的。为了便于表述和算法的设计，本节使用表 5.1 所示的数学符号，其中部分符号的含义将在后文详细介绍。

表5.1　符号含义表

符号	含义
$G_t = (V, L_t)$	在第 t 个时隙上的网络拓扑
$G_{\text{trim}}^{(t)}$	对拓扑 $G_t(t=1,\cdots,T)$ 裁剪后剩余的拓扑图
$I^{(t)}$	拓扑 G_t 中的目标链路集合
$H^{(t)}$	$G_{\text{trim}}^{(t)}$ 中的辅助节点集合
$V(D)$, $L(D)$	连通图（或连通分支）D 的节点集合及链路集合
$P(D)$	连通图（或连通分支）D 的分割节点集合
$L(v)$	与节点 v 相连接的链路集合
F	监测节点部署的约束条件集合

　　为了基于断层扫描技术估算出网络目标链路的性能指标，需要在每个时隙拓扑 $G_t(t=1,\cdots,T)$ 中选取一部分节点作为监测节点。一个监测节点 m_A 可以发送探测包经过一条指定且不含环路的路由路径到达另一个监测节点 m_B。监测节点 m_B 通过收到的探测包获得端到端的测量数据。对于可累加的链路性能指标，一条端到端的路径测量数据等于该路径上所有链路性能指标的总和。基于多条端到端的测量数据，可以构建一个线性方程组，其中方程组的未知量是单条链路的性能指标，已知常数项是收集的端到端测量数据。当可以从一种监测节点部署下构建的线性方程组中唯一地确定一条目标链路 l_i 的性能指标时，则称目标链路 l_i 在该监测节点部署方式下是可识别的，或者说该监测节点部署方式可以实现目标链路 l_i 的可识别性。

5.2.2 预先式监测节点部署算法

本小节将详细阐述一种预先式监测节点部署算法 MAPLink，以有效应对网络拓扑变化对链路测量的影响。首先，本小节给出预先式监测节点部署算法的总体流程；其次，本小节对部署算法包含的两个关键步骤进行重点描述，即各时隙拓扑上监测节点部署约束条件的提取和基于约束条件的监测节点选取；最后，本小节将给出一个约束条件的合并方法，从而进一步提高算法的性能。

5.2.2.1 算法总体流程概述

基于网络拓扑的时空相关性，不同时隙的拓扑结构可能存在一定程度的耦合，这也使得在某些位置上部署的监测节点可能适用于对多个时隙拓扑中目标链路性能的测量。为了尽可能地找到动态拓扑中这些通用的监测节点部署方式，本小节算法的基本思想是首先将每个时隙拓扑 $G_t(t=1,\cdots,T)$ 中监测节点的部署需求表述成多个约束条件的形式。然后，通过求解由这些约束条件构成的优化问题，获得一种可以满足所有约束条件并实现所有时隙拓扑中目标链路可识别性的监测节点部署方式。具体地讲，本小节用如下约束条件的形式表述每个拓扑的监测节点部署需求：

$$\{(S_i,k_i)\mid i=1,2,\cdots\} \tag{5.2}$$

其中，S_i 为一个网络节点集合，表示拓扑中可供监测节点部署的位置（即候选监测节点），k_i 表示从集合 S_i 中最少需要选取的节点数目（即最少部署的监测节点数目）。

考虑到拓扑 G_t 中只有一部分链路（即目标链路集合 $I^{(t)}$）是需要测量的，为了减小监测节点部署位置的搜索空间，利用已有裁图算法[82] 对拓扑 G_t 中不相关的分支（不含目标链路的 2-点连通分支以及部分 3-点连通分支和 SPQR 分支）进行裁剪，并将裁剪后剩余的拓扑记为 $G_{\text{trim}}^{(t)}$。同时为了不影响监测节点部署的性能，从裁剪掉的连通分支中选取一部分节点作为监测节点部署的候选节点，即辅助节点集合 $H^{(t)}$。为了在监测节点部署时便于引用辅助节点，每一个辅助节点会与被裁剪连通分支上的一条链路相关联。

算法 5.1 概述了动态拓扑网络监测节点部署算法 MAPLink（monitor assignment for preferential links）的总体流程。算法的输入是所有网络时隙拓扑 $G_1, \cdots, G_T$ 裁剪后的拓扑图 $G_{\text{trim}}^{(1)}, \cdots, G_{\text{trim}}^{(T)}$，各拓扑中的辅助节点集合 $H^{(1)}, \cdots, H^{(T)}$ 以及目标链路集合 $I^{(1)}, \cdots, I^{(T)}(I^{(t)} \neq \Phi)$。算法的输出是一种监测节点部署 M^S，通过将 M^S 中的网络节点部署为监测节点可以实现所有时隙拓扑中目标链路的可识别性。在初始化监测节点部署约束条件的集合 F（第 1 行）后，算法首先使用已有图论算法[100-101] 将每一个裁剪拓扑图 $G_{\text{trim}}^{(t)}$ 中的连通分支划分为多个 2-点连通分支（第 4 行），接着将每一个包含 3

个及以上节点的 2-点连通分支划分成 SPQR 分支（3-点连通分支和环分支）（第 6 行）。基于对拓扑图的划分，本小节设计了一种高效的监测节点部署约束的提取方法 MCE（monitor constraint extraction），依次提取每个 SPQR 分支上监测节点部署的约束条件（第 7~8 行）。在处理完拓扑中所有的 SPQR 分支后，算法还需要处理一些 2-点连通分支的边界情况（如 2-点连通分支为连接两个节点的一条链路）（第 9 行）。提取出所有时隙拓扑 $G_1, \cdots, G_T$ 上的监测节点部署约束后，可以从网络中选取一组满足所有约束条件且数目最少的节点作为最终部署的监测节点（第 10 行）。

算法 5.1　预先式监测节点部署算法 MAPLink 总体流程

输入：原始的网络拓扑 $G_1, \cdots, G_T$，裁剪图 $G_{\mathrm{trim}}^{(1)}, \cdots, G_{\mathrm{trim}}^{(T)}$，辅助节点集合 $H^{(1)}, \cdots, H^{(T)}$，目标链路集合 $I^{(1)}, \cdots, I^{(T)}$

输出：一个适用于所有输入拓扑的监测节点部署 M^S

1：用 F 表示监测节点部署约束的集合且将 F 初始化为空集合；

2：**for** each trimmed graph $G_{\mathrm{trim}}^{(t)}$ **do**

3：　　**for** each connected component C of $G_{\mathrm{trim}}^{(t)}$ **do**

4：　　　　将连通分支 C 划分为多个 2-点连通分支 $B_1, B_2, \cdots$；

5：　　　　**for** each B_i with at least three nodes **do**

6：　　　　　　将 B_i 划分为多个 SPQR 分支 $T_1, T_2, \cdots$；

7：　　　　　　**for** each T_j **do**

8：　　　　　　　　MCE($T_j, H^{(t)}, I^{(t)}, F$)；

9：　　　　MCE-Bi($C, H^{(t)}, I^{(t)}, F$)；

10：将提取出的约束 F 表述成一个优化问题并通过求解该优化问题得到一种监测节点部署方式 M^S。

形式化地，本节通过求解下述优化问题获得一种适用于所有时隙拓扑的监测节点部署方式：

$$\text{minimize：} \quad |M| \tag{5.3}$$

$$\text{subject to：} \quad |M \cap S_i| \geq k_i \quad \forall (S_i, k_i) \in F, M \subseteq V$$

其中，$|M|$ 为监测节点的部署数目，V 为所有网络时隙拓扑的节点集合。

从算法 5.1 的流程中可以看出，预先式监测节点部署算法包含两个关键步骤：各个时隙拓扑的监测节点部署约束条件提取以及基于约束条件的监测节点选取。下面将分别介绍这两个步骤的具体实现。

5.2.2.2 监测节点部署的约束条件提取

从算法 5.1 所示的总体流程中可以看到，为了实现对动态拓扑网络预先式的监测节点部署，需要依次提取每个 SPQR 分支（3-点连通分支和环分支）中监测节点部署的约束条件。为此，监测节点部署约束条件提取方法 MCE 的输入为拓扑 G_t 中的一个 SPQR 分支 T_j，该分支上的辅助节点集合 $H^{(t)}$，G_t 中的目标链路集合 $I^{(t)}$，以及从其他拓扑连通分支中得到的约束条件集合 F。监测节点部署约束条件提取方法 MCE 的输出为一个更新的约束条件集合 F。

算法 5.2 给出了监测节点部署约束条件提取方法 MCE 的描述。为了便于算法表述，对于一个 SPQR 连通分支 T_j，用

$V(T_j)$ 和 $L(T_j)$ 分别表示 T_j 中的所有节点和所有链路，用 $P(T_j)$ 表示 T_j 中的分割节点（包括割点和 2-点割集中的点），以及用 $L(v)$ 表示与节点 v 相连接的链路集合。由于一个 SPQR 分支可能是 3-点连通分支，也可能是环分支，MCE 将分别处理这两种不同的情况（第 1 行和第 31 行）。

算法 5.2　监测节点部署约束条件的提取方法（MCE）

输入：一个 SPQR 分支 T_j，辅助节点集合 $H^{(t)}$，目标链路集合 $I^{(t)}$，约束条件集合 F

输出：更新的监测节点部署约束条件集合 F

1: **if** T_j is a triconnected component **then**

2:　　Let $V_1 = \{ v \mid L(v) \cap I^{(t)} = \varnothing, v \in V(T_j) \}$

3:　　Let $V_2 = \{ v \mid L(v) \cap I^{(t)} = \varnothing, h^{-1}(v) \in L(T_j) \}$

4:　　Let $V_1' = V_1 \backslash P(T_j)$

5:　　**if** $\mid P(T_j) \mid = 0$ **then**

6:　　　　**if** $\mid V_1 \mid \geqslant 2$ **then**

7:　　　　　　$F \leftarrow F \cup \{ (V_1, 2) \}$；

8:　　　　**else if** $\mid V_2 \mid \geqslant 2$ **then**

9:　　　　　　$F \leftarrow F \cup \{ (V_2, 2) \}$；

10:　　　　**else**

11:　　　　　　$F \leftarrow F \cup \{ (V(T_j), 3) \}$；

12:　　**else if** $\mid P(T_j) \mid = 1$ **then**

13:　　　　Let $L_s = L(P(T_j)) \cap I^{(t)} \cap L(T_j)$

14:　　　　**if** $\mid L_s \mid = 0$ and $\mid V_2 \mid > 0$ **then**

15:　　　　　　$F \leftarrow F \cup \{ (V_2, 1) \}$；

16:　　　　**else if** $\mid L_s \mid = 0$ and $\mid V_1' \mid > 0$ **then**

17:　　　　　　$F \leftarrow F \cup \{ (V_1', 1) \}$；

18:　　　　**else if** $\mid L_s \mid = 1$ and $\mid I^{(t)} \cap L(T_j) \mid = 1$ **then**

19:            Let $v = V(L_s) \backslash P(T_j)$

20:            $F \leftarrow F \cup \{(\{v\}, 1)\}$;

21:       **else**

22:            $F \leftarrow F \cup \{((V(T_j) \backslash P(T_j)), 2)\}$;

23:   **else if** $|P(T_j)| = 2$ **then**

24:       **if** $|V_1'| > 0$ **then**

25:            $F \leftarrow F \cup \{(V_1', 1)\}$;

26:       **else if** $|V_2| > 0$ **then**

27:            $F \leftarrow F \cup \{(V_2, 1)\}$;

28:       **else**

29:            $F \leftarrow F \cup \{((V(T_j) \backslash P(T_j)), 1)\}$;

30: **else**

31:    **for** each $l \in I^{(t)}$ $(l = v_1 v_2)$ in the cycle **do**

32:    Let l_1' (or l_2') be another link (not l) that is incident to v_1 (or v_2)

33:    **if** $v_1 \notin P(T_j)$ **then**

34:        $F \leftarrow F \cup \{(h(l_1') \cup \{v_1\} \cup \{h(l)\}, 1)\}$;

35:    **if** $v_2 \notin P(T_j)$ **then**

36:        $F \leftarrow F \cup \{(h(l_2') \cup \{v_2\} \cup \{h(l)\}, 1)\}$;

首先，对于一个3-点连通分支 T_j（第1~29行），引入了3个节点集合 V_1、V_2、V_1'（第2~4行）。具体地讲，集合 V_1 包含 T_j 中不是任何目标链路端点（endpoint）的节点，即没有连接任何目标链路的节点；集合 V_2 包含与 T_j 关联且不是任何目标链路端点的辅助节点；集合 V_1' 包含 V_1 中去除分割节点后剩余的节点。然后，根据 T_j 包含的分割节点数目，算法分别考虑了3种不同的情况（第5、12和23行）。

● 如果 T_j 中没有任何分割节点（第 5～11 行），则拓扑 G_t 的裁剪图 $G_{\text{trim}}^{(t)}$ 一定是一个 3-点连通图。此时，如果集合 V_1（或 V_2）中至少包含两个节点，那么从 V_1（或 V_2）中选取两个节点作为监测节点将足以测量出 $G_{\text{trim}}^{(t)}$ 中所有目标链路的性能。图 5.4（a）给出了这种情况的一个示例，其中拓扑中的链路 l_1 和 l_2 为需要测量性能的目标链路，此时由于 $V_1 = \{v_2, v_7\}$，约束（$\{v_2, v_7\}, 2$）将被添加到集合 F。否则，需要从 T_j 中选取三个节点作为监测节点才能保证目标链路的可识别性（第 11 行）。

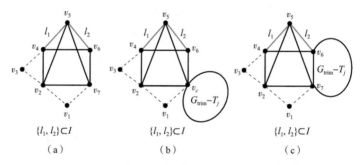

图 5.4　一个 3-点连通分支中监测节点部署约束提取示例

● 如果 T_j 含有一个分割节点（第 12～22 行），则 T_j 中存在一个割点 v_c（即 $P(T_j) = \{v_c\}$）。算法首先将 T_j 中所有连接到割点 v_c 的目标链路加入一个链路集合 L_s，接着分别在以下 4 个不同的场景中提取监测节点部署的约束条件：①当集合 L_s 为空且集合 V_2 中至少有一个节点时，只需要将 V_2 中的一个节点选取为监测节点即可，即将约束（V_2, 1）添加到集合 F（第 15 行）。图 5.4（b）给出了这种情况的一个示例，其中约束（$\{v_1, v_3\}$, 1）被添加到集合 F；②当集合 L_s 为空且集合 V_2 也为空时，若集合 V_1' 不为空，则从 V_1' 中选取一个节点作为监测节点，即把约束（V_1', 1）添加到集合 F（第 17 行）；③当集合 L_s 中有一条链路且分支 T_j 中没有其他目标链路时，只需要将该条目标链路除割点 v_c 外的另一个端点选取为监测节点即可（第 20 行）；④当上述三种情况都不成立时，一个监测节点将无法实现 T_j 中所有目标链路的可识别性，因此，需要从 T_j 中选取两个节点作为监测节点（第 22 行）。

● 如果 T_j 中有 2 个分割节点（第 23~29 行），并且集合 V_1'（或 V_2）中至少包含一个节点，那么从 V_1'（或 V_2）中选取一个节点作为监测节点将足以测量出目标链路的性能，即约束条件（V_1', 1）或（V_2, 1）将被添加到集合 F。图 5.4（c）给出了这种情况的一个示例，由于 $V_1' = \{v_2\}$，约束（$\{v_2\}$, 1）被添加到集合 F。否则，一个包含 T_j 中任意非分割节点的约束将被添加到集合 F（第 29 行）。

其次，对于一个环分支 T_j（第 31~36 行），算法需要对环中每一条目标链路（记为 $l = v_1 v_2$）提取相应的监测节点部署约束。具体地讲，对于目标链路 l 的每个端点 v_i，如果 v_i 不是一个分割节点，则在端点 v_i 一侧生成一个监测节点约束条件以测量目标链路 l 的性能指标，即：应将 $\{h(l'), v_i, h(l)\}$ 中至少一个节点部署为监测节点，其中 l' 为连接到 v_i 的一条相邻链路，$h(l')$ 及 $h(l)$ 分别表示 T_j 中关联于链路 l' 和链路 l 的辅助节点。需要说明的是，假如三个候选节点中的一个（或两个）不存在时，则约束条件变为将剩余的两个（或一个）候选节点中的一个节点部署为监测节点。以图 5.5 所示的环分支为例，为了测得目标链路 l_2 的性能，由于 l_2 没有关联的辅助节点，而与其相邻的链路 l_1 有关联的辅助节点，所以在端点 v_3 一侧至少应将 $\{v_2, v_3\}$ 中的一个节点部署为监测节点，即将约束 $(\{v_2, v_3\}, 1)$ 加入集合 F 中。

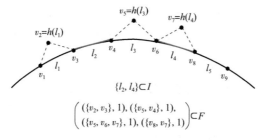

图 5.5　一个环分支中监测节点部署约束提取示例

此外，正如算法 5.1 的流程所示，在提取出一个时隙拓扑 G_t 中所有 SPQR 分支的监测节点部署约束后，可能仍然存在一些 2-点连通分支的边界情况需要单独处理。具体地讲，基于算法 5.2 输出的所有 SPQR 连通分支上的监测节点部署约束 F，利用已有链路可识别性判定算法 DIL-2M[79] 检查拓扑 G_t 的 2-点连通分支中是否需要部署额外的监测节点，并在必要的时候添加额外的监测节点部署约束。例如，如果集合 F 中的约束只记录了对两个监测节点的部署需求，则检查是否存在至少一个满足该约束条件的节点对可以测得所有目标链路的性能（即所有目标链路都是可识别的）。如果不是所有目标链路都是可识别的，则将包含至少一个额外监测节点部署的约束附加到集合 F 中。图 5.6（a）给出了这种情况的一个示例，其中已经存在两个提取的监测节点部署约束（由算法 5.2）：（$\{v_1, v_4\}$，1）和（$\{v_7\}$，1）。然而，在这两个约束下无论是监测节点 $\{v_1, v_7\}$ 还是监测节点 $\{v_4, v_7\}$，目标链路 l_1 都是不可识别的。因此，为了使链路 l_1 变得可识别，约束条件提取方法 MCE 将会额外添加一个约束（$\{v_2, v_3, v_5, v_6\}$，1）到集合 F。另外，如果在一个 2-点连通分支中只存在一条链路 l，由于算法 5.2 只处理 3-点连通分支（至少存在 3 条链路）和环分支的情况，集合 F 中不会包含任何为了测得链路 l 性能的监测节点部署约束。此时，算法首先需要在链路 l 的一个端点（非分割节点）上部署监测节点，即生成一个包含 l 的端点的约束条件。然后，检查链路 l 的可识别性并在有需要的时候添加其他的约束条件。图 5.6（b）给出了这种情况的一个示例，为了测得目标链路 l_3 的性能，约束条件（$\{v_6\}$，1）将首先被加入 F 中。由于监测节点 $\{v_1, v_6\}$ 仍不能实现链路 l_3 的性能可识别性，所以约束（$\{v_2, v_3, v_4, v_5\}$，1）也会被添加到 F。

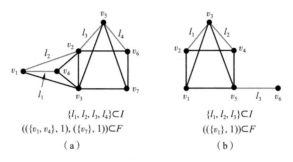

$$\{l_1, l_2, l_3, l_4\} \subset I$$
$$(((\{v_1, v_4\}, 1), (\{v_7\}, 1)) \subset F$$
（a）

$$\{l_1, l_2, l_3\} \subset I$$
$$(((\{v_1\}, 1)) \subset F$$
（b）

图 5.6　2-点连通分支边界情况处理示例

5.2.2.3　基于部署约束条件的监测节点选取

本小节算法设计的基本目标是在网络中部署一组最少数目的监测节点，以实现对时变拓扑序列中所有目标链路性能的测量。因此，在将约束条件提取方法 MCE（算法 5.2）应用于每个时隙拓扑 $G_t(t=1,\cdots,T)$ 并获得所有必要的监测节点部署约束条件 F 后，本小节将监测节点部署问题形式化为从网络节点集合 V 中选取一组能够满足所有约束条件的最小节点子集 M，即对于 F 中的所有约束 (S_i, k_i)，有 $|M \cap S_i| \geqslant k_i$（如 5.2.2.1 节中算法 5.3 所示）。

本小节将基于部署约束条件的监测节点选取问题称为以 (V, F) 为输入的最小碰撞集问题（minimum hitting set problem, min-HSP）。因为由约束条件提取方法 MCE 生成的监测节点部署约束可以保证所有目标链路的可识别性（在 5.2.3

小节中将对其进行形式化证明），通过求解相应的最小碰撞集问题，将得到一个可以测得所有时变拓扑中目标链路性能的监测节点部署方式。实际上，当所有约束条件 (S_i, k_i) 中 $k_i = 1$ 时，基于部署约束条件的监测节点选取问题等价于经典的碰撞集问题（HSP）。由于传统碰撞集问题是 NP 难的[115]，因此基于部署约束条件的监测节点选取问题也是 NP 难的。

在本小节的问题中，首先可以通过确定必须是监测节点的网络节点并将其从随后的监测节点选取范围中排除掉，从而加快监测节点的部署过程。具体地讲，用 V' 表示这些必需的监测节点，其可以通过约束条件 $F' = \{(\{v\}, 1): v \in V'\}$ 来刻画。然后，本小节只需要解决以 $(V \backslash V', F \backslash F')$ 为输入的最小碰撞集问题，完成对其余可能需要的监测节点的选取。而对其余监测节点的选取，本小节使用了一个启发式算法。该启发式算法的核心流程如下所述：当集合 $F = \{(S_i, k_i) \mid i = 1, 2, \cdots\}$ 中存在还未被满足的约束条件（记为 F_u）时，选取一个可以满足 F_u 中最多约束条件的节点作为监测节点，即：给定当前选取的监测节点集 M，如果节点 v 被最多数量且满足 $|M \cap S_i| < k_i$ 的点集 S_i 包含，则将节点 v 选取为下一个监测节点。在集合 F 中的所有约束都被满足前，上述过程可能需要被重复执行多次。

5.2.2.4　监测节点部署约束条件的合并

从上一节监测节点的选取中可以看出，时变拓扑中监测节点部署的性能主要取决于从网络中提取的约束条件。直观地讲，如果可以将提取的多个约束条件合并为一个约束条件，不仅可以提高计算的效率，也有利于减少监测节点的部署数量。例如，如果将约束 $(V_1, 2)$ 和 $(V_2, 2)$ 合并为约束 $(V_1 \cup V_2, 2)$，则满足合并后约束 $(V_1 \cup V_2, 2)$ 的监测节点部署方式要远远多于满足原先两个约束 $(V_1, 2)$ 和 $(V_2, 2)$ 的监测节点部署方式。为此，本小节进一步设计一种约束条件合并方法 CMM（constraint merging method），在不影响目标链路可识别性的前提下，尽可能增加监测节点选取的自由度，从而减少监测节点的数量。下面将对 CMM 方法的步骤进行简要描述。

在监测节点部署约束提取方法 MCE（算法 5.2）中，监测节点的部署往往存在两个候选节点集合 V_1 或 V_1' 和 V_2。由于在实现目标链路的可识别性上，集合 V_1（或 V_1'）和 V_2 是等效的，所以从这两个候选节点集合中提取出的约束条件通常是可以合并的。为此，CMM 将集合 V_1（或 V_1'）及 V_2 合并到一起，然后从合并的集合中选取监测节点。例如，在算法 5.2 中，对于一个不含分割节点的 3-点连通分支，如果节点集合 V_1（或 V_2）不为空，约束条件提取方法 MCE 将会从 V_1（或 V_2）中选取两个节点作为监测节点，即生成一个约束条件 $(V_1, 2)$ 或 $(V_2, 2)$（算法 5.2 中第 7 行和第 9 行）。不同的是，约束条件合并方法 CMM 会生成约束 $(V_1 \cup V_2, 2)$。类似地，CMM 将会把算法 5.2 中其他情况的候选节点集合的并集作为新的候选节点集合。仍以图 5.4 所示的拓扑为例,其合并后的约束条件分别为 $(\{v_1,v_2,v_3,v_7\},2)$(图 5.4(a)),$(\{v_1,v_2,v_3\},1)$(图 5.4(b)),和 $(\{v_1,v_2,v_3\},1)$(图 5.4(c))。

值得注意的是,虽然合并监测节点部署约束有助于减少监测节点的数目,但仅满足合并后约束条件的监测节点部署方式可能无法保证所有目标链路性能的可识别性。这主要是因为对于一个约束条件 (S_i,k_i),算法假设可以选择节点集合 S_i 中的任何一个节点作为监测节点以满足该约束条件。对于原始的约束条件(即合并前的约束条件),在这一假设下生成的监测节点可以实现所有目标链路的可识别性[83]。然而,对于一个合并的约束条件 (S_i,k_i)(其中 $k_i \geqslant 2$),节点集合 S_i 中将可能存在一些不能同时被选取为监测节点的节点,例如,当需要在无分割节点的 3-点连通分支上部署两个监测节点时,与目标链路邻接的一条链路上的端点和关联的辅助节点(如图 5.4(a)中的 v_2 和 v_3)不能同时作为监测节点。

为了解决上述问题,算法在约束条件合并方法中还引入了一个额外的校验流程。具体地讲,在监测节点约束条件提取的过程中,算法首先使用一个校验集合(用 S^* 表示)记录下无法同时作为监测节点的节点对。对于集合 F 中的每一个约束 (S_i,k_i),算法检查在校验集 S^* 中是否存在一个 S_i 的子集 S_i',以及启发式算法(5.2.2.3 节)当前选取的监测节点集合 M_0 是否包含 S_i' 中的所有节点。如果是的话,这意味着网络中存在不可识别的目标链路。为此,约束条件合并方法将会额外添加一个约束条件 $(S_i \setminus S_i', 1)$ 到集合 F 中并重新计算一遍监测节点部署 M，即进行一次监测节点选取的退避。在新的监测节点部署 M 包含至少一个 $S_i \setminus S_i'$ 中的节点前，可能需要执行多次退避过程。

为了更为清晰地描述约束条件合并方法的校验流程，下面以图 5.7 中的拓扑为例。如图 5.7（a）所示，在约束条件提取时（算法 5.2），生成了约束条件 $(\{v_4, v_7\}, 2)$（或 $(\{v_2, v_5\}, 2)$），其中节点 v_4 和节点 v_5 不能同时选为监测节点，否则目标链路 l_2 将是不可识别的。因此，在生成这个约束条件的过程中，节点对 (v_4, v_5) 将被加入校验集合 S^* 中。约束条件合并后，生成的约束条件为 $(\{v_2, v_4, v_5, v_7\}, 2)$。如果当前选取的监测节点 $M_0 = \{v_4, v_5\}$，则需要进行一次监测节点选取的退避并将约束条件 $(\{v_2, v_7\}, 1)$ 添加到集合 F。随后，通过启发式算法可以获得一个新的监测节点部署 M，例如 $\{v_2, v_4, v_5\}$。否则，由于当前选取的监测节点 M_0 能够保证所有目标链路的可识别性，那么不需要添加新的约束条件到集合 F。相反，在图 5.7（b）中的拓扑中，由于对监测节点的选取没有任何限制（即校验集 S^* 中没有与该拓扑相关的节点对），无论启发式算法选取哪些满足约束条件的节点作为监测节点，约束条件合并方法都不需要进行监测节点选取的退避。基于这个校验流程，约束条件合并方法始终可以保证所有动态网络拓扑中目标链路的可识别性（5.2.3 节将对其进行形式化证明）。

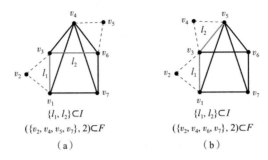

$\{l_1, l_2\} \subset I$ $\{l_1, l_2\} \subset I$

$(\{v_2, v_4, v_5, v_7\}, 2) \subset F$ $(\{v_2, v_4, v_6, v_7\}, 2) \subset F$

（a）   （b）

图 5.7　约束条件合并校验流程示例

5.2.3　预先式监测节点部署算法分析

本小节将对前文所提出的预先式监测节点部署算法 **MAPLink** 的复杂度及有效性进行形式化分析。对于 **MAPLink** 的有效性，本小节证明由算法生成的监测节点部署能够保证在所有动态拓扑中所有目标链路性能的可识别性。

5.2.3.1　时间复杂度

总体上，预先式监测节点部署算法 **MAPLink** 包含三个主要步骤：各时隙拓扑上监测节点部署约束条件的提取（由方法 **MCE** 完成）、对规划的最小碰撞集优化问题的求解（由启发式算法完成），以及约束条件的合并。因此，预先式监测节点部署算法的时间复杂度主要取决于约束条件提取方法、启发式算法和约束条件合并方法的时间复杂度。

首先，对于每一个时隙拓扑 G_t，监测节点部署约束条件的提取方法需要先将拓扑划分为多个 2-点连通分支以及 SPQR 分支（3-点连通分支和环分支），然后根据各连通分支中分割节点和目标链路的数目及位置生成相应的监测节点部署约束条件。对于一个拓扑 $G_t = (V, L_t)$，其连通分支的划分可以在 $O(|V| + |L_t|)$ 时间内完成[100,101]。同时，对连通分支中分割节点和目标链路数目及位置的统计可以在拓扑划分的过程中完成。因此，对于每一个时隙拓扑 $G_t = (V, L_t)$，监测节点部署约束条件提取方法的时间复杂度为 $O(|V| + |L_t|)$。其次，在基于约束条件的监测节点选取中，启发式算法将可以满足的约束条件数目作为节点选取的依据。对于所有时隙拓扑 $G_t (t = 1, \cdots, T)$，约束条件总的数目有 $O(T|V|)$ 个。而一个候选监测节点对每一个约束条件满足情况的判定需要消耗 $O(|V|)$ 的时间。因此，启发式算法的时间复杂度为 $O(T|V|^2)$。在约束条件的合并中，可能需要对 $O(T|V|)$ 个约束条件分别进行 $O(|V|)$ 次监测节点选取的退避，从而导致 $O(T|V|^2)$ 的时间复杂度。

综合上述分析，对于动态拓扑网络 $G_t (t = 1, \cdots, T)$，预先式监测节点部署算法的总体时间复杂度为 $O(T|V|^2)$。

5.2.3.2 预先式监测节点部署算法的有效性

在开始分析预先式监测节点部署算法 MAPLink 的有效性

之前，先给出一些被现有工作证明了的重要结论[35,79]，这些结论为本小节的理论分析提供了基础。

定理 5.1[35]　如果网络 G 是一个 3-点连通图，那么在 G 中任意选择 3 个节点作为监测节点即可使 G 中所有链路都是可识别的。

推论 5.1[35]　对于网络 G 中的一个 3-点连通分支 T，通过在 G 中选择满足以下条件之一的 3 个节点 $\{v_1, v_2, v_3\}$ 作为监测节点，可以使 T 中所有链路都是可识别的：①v_1, v_2, v_3 都在 T 上；②3 个节点中的一个（或多个）节点 v_i 不在 T 上，但在每个 v_i 和 T 之间，至少存在一条不相同且不经过重复节点的路径。

定义 5.1[79]　对于一个 3-点连通图（或 3-点连通分支）G 以及其内部的两个节点 v_1 和 v_2。本小节将 G 中不与这两个节点中的任何一个相连接的链路称为内部链路（interior link），而将只与这两个节点之一的节点（v_1 或 v_2）相连接的链路称为外部链路（exterior link）。

定理 5.2[79]　对于网络 G 中的一个 3-点连通分支 T，通过选择满足以下条件之一的 2 个节点 $\{v_1, v_2\}$ 作为监测节点，可以使 T 中所有的内部链路都是可识别的以及所有的外部链路都是不可识别的：①v_1, v_2 都在 T 上；②2 个节点中的一个（或 2 个）节点 v_i 不在 T 上，但在每个 v_i 和 T 之间，至少存在一条不相同且不经过重复节点的路径。此时，将该路径与 T 连接的点称为优势节点（vantage），同时将 T 中只与一个优势节点相连的链路也称为外部链路。

为了更清晰地说明上述结论和定义，图5.8给出了一个包含5个节点和8条链路的3-点连通图G。其中，节点v_1、v_5、v_8分别通过3条不同的路径P_1,P_2,P_3连接到G上的节点v_2、v_4、v_7。基于定理5.1，如果在G中任意部署3个监测节点（如v_2、v_3、v_4），则G中所有链路都是可识别的。推论5.1进一步说明，如果选择将节点v_1、v_5、v_8部署为监测节点，则仍可以测量得到G中所有链路的性能指标。根据定义5.1，对于节点v_2和v_7，链路l_2、l_3、l_4是内部链路，而链路l_1、l_5、l_7、l_8是外部链路。需要注意的是，由于链路l_6同时连接到了节点v_2和v_7，所以l_6不是一条外部链路。基于定理5.2，如果选择在v_2和v_7部署监测节点，那么内部链路l_2、l_3、l_4将是可以识别的，而外部链路l_1、l_5、l_7、l_8将是不可识别的。此外，选择在$\{v_1,v_7\}$、$\{v_2,v_8\}$或$\{v_1,v_8\}$上部署监测节点仍然可以实现内部链路l_2、l_3、l_4性能的可识别性。

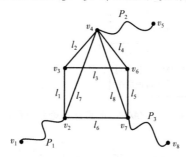

图5.8　现有工作相关结论的说明示例

图 5.9 给出了对 MAPLink 监测节点部署算法有效性理论分析的概述。本小节将形式化证明 3 个关键的定理和推论，即：定理 5.6（说明对监测节点部署约束条件的合并操作仍然可以保证网络目标链路的可识别性），定理 5.7（说明提出的预先式监测节点部署算法 MAPLink 可以保证单个时隙拓扑中目标链路的可识别性）和推论 5.2（说明预先式监测节点部署算法 MAPLink 可以保证网络所有时隙拓扑中目标链路的可识别性）。

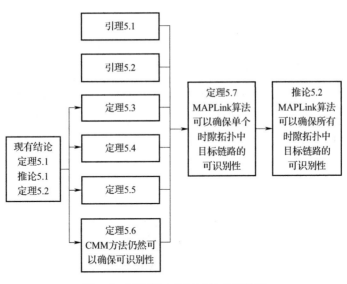

图 5.9　MAPLink 算法理论分析概述

注意到在静态拓扑网络中，基于给定的一个固定形式的拓扑，现有工作 OMA[83] 可以部署一组最少数目的监测节点以实现对拓扑中目标链路性能的测量。为了证明监测节点部署算法 MAPLink 在动态拓扑网络中的有效性，本小节首先给出下面两个引理（引理 5.1 和引理 5.2）。这两个引理分别明确描述了在一个时隙拓扑 G（省略下标 t）的 3-点连通分支和环分支上，MAPLink 生成的监测节点部署结果（基于提取的约束条件 F）与 OMA 生成的监测节点部署结果的关系。

引理 5.1 对于一个 3-点连通分支以及一种满足约束条件 F 的监测节点部署 M，监测节点部署 M 与 OMA 方法[83]的监测节点部署之间有以下两种关系：①存在一种 OMA 的监测节点部署结果是 M 的子集；②OMA 任何可能生成的监测节点部署结果都不是 M 的子集，即 M 不能由 OMA 的部署方法得到。

证明 首先，需要说明的是，对于约束条件集合 F 中的一个约束 (S_i, k_i)，在从候选节点集合 S_i 中选取的监测节点数目小于 k_i 的情况下，仍然可以从 S_i 中选取任意的一个节点作为监测节点。因此，影响监测节点部署有效性的关键因素是候选节点集合 S_i 的选择方式。

在监测节点部署约束条件的提取方法 MCE（算法 5.2）中，对于一个需要部署监测节点的 3-点连通分支 T，在约束条件集合 F 中将至少包含一个与其对应的约束条件 (S_i, k_i)，其中 $k_i \geq 1$。除了确定性的监测节点部署外（如将目标链路的一个端点部署为监测节点），候选节点集合 S_i 是 T 中部分节点（用集合 V_1 表示）和辅助节点（用集合 V_2 表示）的并集。然而，对于相同情况的连通分支 T，OMA 只会从 V_1（或 V_2）中选取 k_i 个监测节点[83]，其始终是 MCE 算法中 S_i 的一个子集。此外，如果 $k_i = 1$，从 $V_1 \cup V_2$ 中选取一个监测节点等价于从 V_1 或 V_2 中选取一个监测节点。因此，OMA 的监测节点部署结果是 MAPLink 监测节点部署结果 M 的一个子集。如果 $k_i \geqslant 2$，从 $V_1 \cup V_2$ 中选取 k_i 个监测节点可能有以下三种结果：a) 选取的 k_i 个监测节点都是集合 V_1 中的节点；b) 选取的 k_i 个监测节点都是集合 V_2 中的节点；c) 选取的 k_i 个监测节点有一部分是集合 V_1 中的节点，而另一部分是集合 V_2 中的节点。在 a) 和 b) 两种情况中，基于约束条件的部署结果 M 等价于 OMA 方法直接生成的结果，所以 OMA 的监测节点部署结果也是 M 的一个子集。在情况 c) 中，由于 OMA 只会从 V_1 或 V_2 中选取监测节点，因此基于约束条件生成的部署结果 M 将无法通过 OMA 方法得到，即 OMA 的监测节点部署结果不是 M 的一个子集。上述分析表明了满足约束条件 F 的监测节点部署 M 的两种情况，从而使引理得证。

引理 5.2 对于一个环分支以及一种满足约束条件 F 的监测节点部署 M，监测节点部署 M 与 OMA[83] 的监测节点部署之间有以下两种关系：①存在一种 OMA 监测节点部署结

果是 M 的子集；②OMA 任何可能生成的监测节点部署结果都不是 M 的子集，即 M 不能由 OMA 的部署方法得到。

证明 首先，为了减小监测节点部署的搜索空间，监测节点部署约束条件的提取方法 MCE 首先对拓扑 G 的无关连通分支进行了裁剪。在裁剪后的拓扑图 G_{trim} 中，对于任意的一个环分支 C，约束条件集合 F 中至少包含一个与该分支对应的约束条件 (S_i, k_i)（算法 5.2）。除了确定性的监测节点部署外，候选节点集合 S_i 也是 C 中部分节点（用 V_1 表示）和辅助节点（用 V_2 表示）的并集。与 3-点连通分支不同的是，OMA 只有当环分支 C 含有多个分割节点或多条目标链路时才从 V_1 和 V_2 中选取监测节点[83]。此时 OMA 的部署结果是 MAPLink 部署结果 M 的一个子集。对于其他情况的环分支，OMA 仅从集合 V_1 中选取监测节点，而 V_1 是 MCE 中候选节点集合 S_i 的一个子集。通过类似于引理 5.1 的论据，可以证明 M 只可能与 OMA 方法的结果部分相交，即 M 不能由 OMA 方法生成。因此，对于拓扑中的一个环分支，依然可能存在两种满足约束条件 F 的监测节点部署结果。

值得注意的是，尽管对于一个特定的 3-点连通分支（或环分支），基于约束条件得到的监测节点部署结果只可能满足引理 5.1（或引理 5.2）中的一种情况，但对于网络拓扑中的所有 3-点连通分支（或环分支）来说，基于约束条件得到的监测节点部署结果则可能同时包含引理 5.1（或引理 5.2）中的两种情况。基于上述两个引理，本小节分别分析了以下三种情形下由 MAPLink 生成的监测节点部署结果 M 在单个时隙拓扑中的有效性（即实现单个拓扑目标链路的可识别性）：①存在一种 OMA 的监测节点部署结果是 M 的子集；②OMA 所有可能生成的监测节点部署结果都不与 M 相交；③OMA 所有可能生成的监测节点部署结果都与 M 部分相交。下面将针对这三种不同情况给出相应的定理。

定理 5.3 对于一个满足拓扑 G 中约束条件 F 的监测节点部署 M，当存在一种 OMA 的监测节点部署结果是 M 的子集时，M 可以实现 G 中所有目标链路的可识别性。

证明 如果一种 OMA 生成的监测节点部署是 M 的子集，则存在两种可能的情况，即确定性的监测节点部署和 M 中选定的监测节点来自同一个节点集合（算法 5.2 中的 V_1 或 V_2）。在单个拓扑中，OMA 可以保证对所有目标链路的可识别性[83]。因此，在这两种不同的情况下，M 都可以实现 G 中所有目标链路的可识别性，从而使定理得证。

定理 5.4 对于一个满足拓扑 G 中约束条件 F 的监测节点部署 M，当 OMA 所有可能生成的监测节点部署结果都不与 M 相交时，M 可以实现 G 中所有目标链路的可识别性。

证明 根据拓扑连通性划分算法[100]，在对拓扑 G 进行划分后，G 的每一条链路至少存在于一个 2-点连通分支 B 中。如果 B 中只包含一条链路（即两个节点），那么在其上的监测节点部署是确定性的（即将该链路的端点部署为监测节点)。因此,根据定理 5.3,M 可以实现该条链路的可识别性。如果 B 中包含两个以上节点,则可以将 B 进一步划分为多个 SPQR 分支(3-点连通分支和环),并且 B 中的每条链路都至少存在于一个 SPQR 分支上[101]。下面关注在监测节点部署 M 下拓扑 G 的每一个 SPQR 分支中目标链路的可识别性。由于一个 SPQR 分支(用 T 表示)可能是 3-点连通分支,也可能是环分支,接下来将分别分析这两种不同类型的 SPQR 分支的目标链路可识别性。

在监测节点部署约束条件的提取中,算法 5.2 在裁剪后的拓扑上引入了两个节点集合 V_1 和 V_2,并从这两个节点集合中选取一定数目的监测节点。具体地讲,集合 V_1 包含连通分支 T 中不与任何目标链路相连的节点,集合 V_2 包含与 T 关联且不与任何目标链路相连的辅助节点。当 OMA 生成的监测节点部署结果与 MAPLink 生成的结果(即 M)不相交时,要么 OMA 的监测节点都是从 V_1 中选取的且 M 都是从 V_2 中选取的,要么 OMA 的监测节点都是从 V_2 中选取的且 M 都是从 V_1 中选取的。根据定理 5.2,分支 T 中除了与监测节点相连接的链路外,其他所有的链路都是可识别的。由于集合 V_2(或 V_1)中的节点不与 T 中任何的目标链路相连,因此无论 T 是 3-点连通分支还是环分支,在监测节点部署 M 下 T 中所有的目标链路都是可识别的。下面考虑被裁剪掉(即不在裁剪后的拓扑上)的目标链路的可识别性。

在网络拓扑裁剪阶段[82]，对于一个环分支，只有当其不含目标链路时才会被裁剪掉。因此，在被裁剪掉的环分支中不会有目标链路。然而，对于一个 3-点连通分支，当其不含目标链路或其上的目标链路不与分割节点（割点或 2-点割集中的节点）相连接时，将会被裁掉。因此，在被裁剪掉的 3-点连通分支中可能包含目标链路。对于一个被裁剪的 3-点连通分支 T' 和监测节点部署结果 M，基于 T' 中包含的监测节点数目，可能有以下三种不同的情况。

- 如果 T' 中含有一个以上的监测节点，由于这些监测节点都是从集合 V_2（相邻连通分支的辅助节点）或 V_1（与相邻连通分支间的分割节点）中选取的，则监测节点都不在任何的目标链路上。根据定理 5.2，此时 T' 中所有目标链路都是可识别的。

- 如果 T' 中含有一个监测节点，那么在与其相邻的连通分支中至少还存在一个监测节点，否则无法通过不含环路的测量路径推算出链路的性能指标。此时，由于目标链路不与分割节点相连，通过使用 T' 内部的一个监测节点和 T' 外部的一个监测节点，可以保证 T' 中所有目标链路的可识别性。

- 如果 T' 中不含监测节点，则在与其相邻的连通分支中至少存在两个监测节点。此时，由于目标链路不会与分割节点相连，基于 T' 外部的监测节点，仍然可以保证 T' 中所有目标链路的可识别性。

上述分析表明，在 MAPLink 的监测节点部署 M 下，拓扑 G 中被裁剪的目标链路仍然是可识别的。因此，当 OMA 所有可能生成的监测节点部署结果都不与 M 相交时，M 可以保证对 G 中所有目标链路的可识别性。

定理 5.5　对于一个满足拓扑 G 中约束条件 F 的监测节点部署 M，当 OMA[83] 所有可能生成的监测节点部署结果都与 M 部分相交时，M 可以实现 G 中所有目标链路的可识别性。

证明　首先，考虑在裁剪拓扑图上一个 SPQR 分支（用 T 表示）的目标链路的可识别性。给定 T 中的两个节点集合 V_1 和 V_2，如果 OMA 生成的监测节点部署与 M 部分相交，那么监测节点部署 M 包含集合 V_1 中的一些节点，同时也包含集合 V_2 中的一些节点。根据监测节点部署约束条件提取方法（算法 5.2）以及约束条件合并方法（CMM）的步骤，当 SPQR 分支 T 是一个 3-点连通分支时，存在三种可能的监测节点部署方式 M。下面用 s_T 表示 T 中分割节点的数目。

- 如果 $s_T = 0$ 且 $|V_1| + |V_2| \geqslant 2$，则 M 将选取 T 内部的一个节点 v_1 及与其关联的一个辅助节点 v_2 作为监测节点。同时，节点 v_1 和节点 v_2 不在任何的目标链路上。用 l 表示 T 中与辅助节点 v_2 关联的链路。如果 v_1 不在链路 l 上或 l 不与目标链路相邻接（即有共同的一个端点），则 T 中除了与节点 v_1 相连接的链路外，其他链路都是可识别的（由定

理5.2)。此时，由于 v_1 不在任何的目标链路上，所以 T 中所有的目标链路都是可识别的。然而，如果 v_1 在链路 l 上并且 l 会与一条目标链路 l' 相邻接（如图5.10（a）所示），由于与辅助节点 v_2 相邻接的一个分割节点在目标链路 l' 上，因此 l' 将是不可识别的。对于图5.10（a）的例子，在监测节点 v_1 和 v_2 下，目标链路 l_1 是不可识别的。因此，在监测节点部署约束条件的合并过程中需要对链路可识别性进行校验，以确保最终生成的监测节点可以测得 T 中所有目标链路的性能（具体实现细节请参考第5.2.2.4节）。

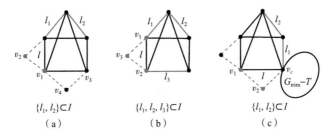

图5.10　监测节点部署 M 与 OMA 生成的监测节点
部署部分相交的情况示例

● 如果 $s_T = 0$，$|V_1| = 0$ 且 $|V_2| = 1$，则 M 将选取 T 内部的两个节点 v_1、v_2 及与其关联的一个辅助节点 v_3 作为监测节点。同时，辅助节点 v_3 不在任何的目标链路上。用 l 表示 T 中与辅助节点 v_3 关联的链路。如果 v_1 和 v_2 不是链路 l 的两个端点，则 T 中所有链路都是可识别的（由推论5.1）。然而，如果 v_1 和 v_2 是链路 l 的两个端点（如图5.10（b）所

示），则与节点 v_1（或 v_2）相连的目标链路将是不可识别的。对于图 5.10（b）的例子，在监测节点 v_1、v_2 和 v_3 下，目标链路 l_1 和 l_3 是不可识别的。因此，这种情况也需要执行额外的校验流程，以确保最终生成的监测节点可以实现 T 中所有目标链路的可识别性。

● 如果 $s_T=1$ 且 T 中的目标链路数目大于 1，则 M 将选取 T 内部的一个节点 v_1 及与其关联的一个辅助节点 v_2 作为监测节点。同时，节点 v_1 和节点 v_2 不在任何的目标链路上。用 v_c 表示 T 上的割点，以及用 l 表示 T 上与辅助节点 v_2 关联的链路。此时在与 T 相邻的连通分支 T' 中至少还存在一个监测节点 v_3，否则无法通过不含环路的测量路径计算出 T' 中链路的性能指标。如果 v_1 不在链路 l 上或者割点 v_c 不在链路 l 上，则在监测节点 v_1，v_2 和 v_3 下，T 中所有的链路都是可识别的（由推论 5.1）。然而，如果 v_1 在链路 l 上并且割点 v_c 也在链路 l 上（如图 5.10（c）所示），则与 v_1（或 v_c）相连接的链路是不可识别的。对于图 5.10（c）中的例子，在监测节点 v_1 和 v_2 下，目标链路 l_1 不是可识别的。因此，这种情况也需要执行额外的校验流程，以确保最终生成的监测节点可以实现 T 中所有目标链路的可识别性。

上述分析表明，在 MAPLink 生成的监测节点部署 M 下，裁剪后拓扑上 3-点连通分支中的所有目标链路都是可识别的。

其次，当 SPQR 分支 T 是一个环时，根据约束条件提取方法 MCE（算法 5.2）的步骤，如果 OMA 所有可能生成的监测节点部署都与 M 部分相交时，则只有一种可能的监测节点部署方式 M。用 s_T 表示 T 中分割节点的数目。

如果 $s_T = 0$ 并且 T 中不含目标链路，则 M 将选取 T 内部的一个节点 v_1 及与其关联的一个辅助节点 v_2 作为监测节点。同时，节点 v_2 不在任何目标链路上。显然，这种监测节点部署方式可以确保所有目标链路的可识别性。

● 最后，考虑被裁剪掉的目标链路的可识别性。如果监测节点部署 M 与 OMA 生成的监测节点部署结果部分相交，通过类似于定理 5.4 中的分析，可以证明 M 也将保证对裁剪掉的目标链路的可识别性。

综合以上分析，可以证得对于时隙拓扑 G 中任意的一个 SPQR 分支 T，当 OMA 方法所有可能生成的监测节点部署结果都与 M 部分相交时，M 能够保证 T 中所有目标链路的可识别性。

在预先式监测节点的部署算法 MAPLink 中，本小节设计了一个约束条件合并方法 CMM 以进一步提高监测节点部署的性能。下面定理说明了对监测节点约束条件的合并并不会影响 MAPLink 的有效性。

定理 5.6 在预先式部署算法 MAPLink 中对约束条件合并方法 CMM 的使用仍然可以保证网络拓扑中目标链路的可识别性。

证明 基于定理 5.5 的分析证明，可以看出对于一个

3-点连通分支 T，存在三种需要 CMM 方法进行额外处理的情况。在监测节点部署约束的提取中，算法 2 引入了两个节点集合 V_1 和 V_2。其中，V_1 包含 T 中不与任何目标链路相连接的节点，集合 V_2 包含与 T 关联且不与任何目标链路相连的辅助节点。用 s_T 表示 T 上分割节点（割点及 2-点割集中的节点）的数目。

• 如果 $s_T = 0$ 并且 $|V_1| + |V_2| > 2$，则约束条件提取方法将会把一个约束（$V_1 \cup V_2, 2$）添加到集合 F 中，其表示需要从集合 $V_1 \cup V_2$ 中选取两个节点作为监测节点。用 v_1 和 v_2 表示选取的两个监测节点。假定 v_2 是一个辅助节点并用 l 表示 T 中与 v_2 关联的链路。监测节点合并方法 CMM 需要避免 v_1 在链路 l 上以及 l 与 T 中的一条目标链路相邻接（即有共同的端点）。因此，基于 CMM 的操作，存在以下三种可能的监测节点选取方式：①v_1 和 v_2 都是集合 V_1 中的节点；②v_1 和 v_2 都是集合 V_2 中的节点；③v_1 和 v_2 一个是集合 V_1 中的节点，另一个是集合 V_2 中的节点，但不是需要规避的情况。需要注意的是，v_1 和 v_2 要么是在 T 上，要么可以经过不同的路径连接到 T。由于在上面三种情况中 v_1 和 v_2 都不在任何目标链路上，所以基于 CMM 方法的约束条件合并与链路可识别性校验，可以使所有目标链路在最终选取的监测节点（即以（V, F）为输入的最小碰撞集问题的解）下都是可识别的。

• 如果 $s_T = 0$ 且 $|V_2| = 1$，则约束条件提取方法会将一

个约束（$V(T) \cup V_2, 3$）添加到集合 F 中。用 v_1、v_2、v_3 表示选取的三个监测节点。假定 v_3 是一个辅助节点并用 l 表示 T 中与 v_3 关联的链路。此时，监测节点合并方法 CMM 需要避免 v_1、v_2 都在链路 l 上（即为 l 的两个端点）。因此，v_1、v_2 和 v_3 要么在 T 上，要么可以经过不同的路径连接到 T 上。根据推论 5.1，可以判定在监测节点 v_1、v_2 和 v_3 下，T 中所有的链路都是可识别的。

● 如果 $s_T = 1$ 且 T 含有不止一条目标链路，则 T 中存在一个割点 v_c 并且约束条件（$(V(T) \backslash v_c) \cup V_2, 2$）会被添加到集合 F 中。用 v_1 和 v_2 表示选取的两个监测节点。假定 v_2 是一个辅助节点并用 l 表示 T 中与 v_2 关联的链路。此时，监测节点合并方法 CMM 需要确保 v_1 不在链路 l 上或 v_c 不在链路 l 上。注意到与 T 相邻的连通分支 T' 中至少还存在一个监测节点 v_3，否则将无法通过不含环路的测量路径数据推断出 T' 中链路的性能。根据推论 5.1，T 中所有的链路在 v_1、v_2 和 v_3 下都是可识别的。

基于对监测节点约束条件合并方法 CMM 处理情况的分析，可以说明在预先式监测节点部署中对 CMM 的使用仍然可以保证网络目标链路的可识别性。

基于以上 4 个关于预先式监测节点部署性质的基本定理（定理 5.3、定理 5.4、定理 5.5 和定理 5.6）及其对链路可识别性的保证，本小节可以证明约束条件提取方法 MCE 生成的约束条件集合 F 足以实现在一个时隙拓扑 G 中所有目标链路的可识别性。

定理 5.7　对于一个网络拓扑 G，由监测节点部署约束提取方法得到的约束集合 F 足以使目标链路在生成的监测节点下都是可识别的，即：如果一个监测节点部署 M 满足所有约束条件 F，即对于所有在集合 F 中的 (S_i, k_i)，有 $|M \cap S_i| \geq k_i$，则 M 能够实现拓扑 G 中所有目标链路的可识别性。

证明　如果一个 2-点连通分支 B 仅包含单条链路并且该链路为需要测量的目标链路，则监测节点部署 M 是确定性的，即 B 中割点和监测节点的总数目为 2。因此 B 中目标链路是可识别的。下面考虑一个含有两个以上节点的 2-点连通分支 B。此时，B 可以被划分成多个 SPQR 分支并且 B 中每一条链路将至少存在于一个 SPQR 分支上。用 $T_1, \cdots, T_n$ 表示从拓扑 G 中划分出的 SPQR 分支。需要注意的是，每个 SPQR 分支可能是一个 3-点连通分支，也可能是一个环分支。由定理 5.3、定理 5.4 和定理 5.5 可知，在所有满足约束条件 F 的监测节点部署 M 下，拓扑中的所有目标链路都是可识别的。因此，在拓扑 G 中，由监测节点部署约束提取方法得到的约束可以使目标链路在最终生成的监测节点下都是可识别的。

定理 5.7 表明本小节提出的预先式监测节点部署算法 MAPLink 可以实现单个时隙拓扑上目标链路的可识别性。进一步地讲，下面推论形式化地描述了 MAPLink 算法可以实现动态网络所有时隙拓扑上目标链路的可识别性。

推论 5.2 在使用监测节点部署约束提取方法得到所有网络时隙拓扑 $G_t(t=1,\cdots,T)$ 的约束条件 F 后，通过求解以 F 为输入的最小碰撞集问题（即 min-HSP(V,F)），可以获得一种使拓扑 $G_1,\cdots,G_T$ 中所有目标链路都是可识别的监测节点部署。

证明 首先，通过求解最小碰撞集问题得到的监测节点部署（用 M 表示）可以满足集合 F 中的所有约束。其次，根据定理 5.7 可知，监测节点部署约束条件的集合 F 可以保证单个时隙拓扑中目标链路的可识别性。因此，由最小碰撞集问题生成的监测节点部署 M 可以实现所有时隙拓扑 $G_1,\cdots,G_T$ 中目标链路的可识别性。

5.3 性能评价

本节将使用在实际应用中收集的动态网络拓扑来评估预先式监测节点部署算法 MAPLink 的性能。首先，本节将给出实验的评价方法，包括对网络拓扑特征的详细描述、实验评价的指标，以及实验比较的方法。其次，本节将展示实验的结果并对其进行分析。

5.3.1 评价方法

实验收集实际应用中的动态拓扑进行实验评估。具体地讲，实验使用了以下两个数据集。

1）旧金山的出租车行驶轨迹数据集[116]。实验从中选取了一段 4 个小时的记录，其中包含 100 辆出租车的行驶轨迹，并且出租车的位置信息大约每分钟会更新一次。接着实验通过以下方式提取出网络在各个时隙（这里是每分钟）上的拓扑结构：指定一个出租车通信范围阈值，当两辆出租车的距离小于该阈值时，在与这两辆出租车对应的两个节点之间连接上一条链路。表 5.2 给出了在不同通信范围阈值下所提取的网络拓扑信息。

表5.2　出租车网络动态拓扑的参数信息（100 个节点）

范围阈值/m	拓扑变化次数	平均链路数目	平均点连通分支数目
500	240	179.6	12.8
1000	240	542.0	8.6
1500	240	1032.2	4.8
2000	240	1546.3	3.6
2500	240	2023.1	2.7
3000	240	2446.9	1.8
3500	240	2803.9	1.2

2）在实际大规模传感网 GreenOrbs[117] 中的数据包传输记录。GreenOrbs 部署在森林区域监测温度、光照、湿度和碳吸收率。从 2008 年以来，大约有 400 个传感器节点分散在中国浙江的天目山上（如图 5.11 所示），其中每个节点以 10 分钟为周期向基站发送一次数据包。实验选取了 GreenOrbs

网络在 2010 年 12 月期间的一段数据传输记录，其中包含了连续 7 天的数据记录，共有 385,488 个数据包的路由信息。实验首先设定一个网络拓扑划分的时隙长度，并通过以下方式提取出各个时隙上的拓扑结构：如果在特定的时隙内，两个传感器节点之间传输了至少一个数据包，则用一条链路将这两个传感器节点连接起来。需要说明的是，由于 GreenOrbs 使用了收集树协议（CTP）[15] 作为路由机制，使得网络中的每个节点在传输数据包时会根据无线信道的通信质量自适应地切换数据包的转发节点，从而容易造成网络拓扑的动态性。表 5.3 给出了在不同时隙长度设置下网络所提取的拓扑信息。

图 5.11　GreenOrbs 网络部署示意图

表 5.3　无线传感网络 GreenOrbs 动态拓扑的参数信息（330 个节点）

时隙长度/h	拓扑变化次数	平均链路数目	平均点连通分支数目
1.5	112	1121.1	18.4
2	84	2516.9	11.6
3	56	3227.6	7.7
4	42	4198.1	3.8
8	21	5187.5	2.6
16	10	6054.9	1.8

与预期的一样，随着通信范围阈值和时隙长度的增大，网络拓扑结构将变得更加密集（即包含更多的链路）并且具有更好的连通性（即包含更少的连通分支）。

实验以算法最终部署的监测节点数目和算法的运行时间作为评价指标。同时，本节实现并比较了以下 4 种不同的算法。

● 增量式监测节点部署算法（IMMP）：对于静态拓扑网络，现有算法 MMP[80] 可以部署一组最少数目的监测节点以实现对网络中所有链路性能的测量。对于动态拓扑网络，可以依次将 MMP 算法应用于每一个时隙上的拓扑，即增量式监测节点部署算法 IMMP。具体地讲，基于当前时隙拓扑中的监测节点，IMMP 尝试部署最少数目的额外监测节点以测得后续时隙拓扑中链路的性能。需要说明的是，IMMP 算法假设拓扑中所有的链路都是需要被测量的，即所有的链路都是目标链路。

● 对单个时隙拓扑的监测节点部署取并集的算法（uOMA）：对于静态拓扑网络，现有算法 OMA[83] 可以部署最少数目的监测节点以实现对网络中一组目标链路性能的测量。对于动态拓扑网络，可以按顺序将 OMA 算法应用于所有时隙拓扑 $G_t (t = 1, \cdots, T)$，然后将每个时隙拓扑上监测节点部署的并集作为最终的监测节点部署结果。

● 基础的预先式监测节点部署算法（bMAPLink）：该算法不使用监测节点部署约束条件的合并方法 CMM 对各时隙

拓扑上的约束条件进行合并，是本章提出的预先式监测节点部署算法的一个基础版本。

● 预先式监测节点部署算法（MAPLink）：即本章算法5.1中提出的算法。它首先利用监测节点部署约束提取方法 MCE 获得所有时隙拓扑上的监测节点部署约束条件，其次使用监测节点部署约束的合并方法 CMM 对相关的约束条件进行合并。最后，通过启发式算法求解以约束条件和网络节点作为输入的最小碰撞集优化问题，从而得到最终的监测节点部署方式。

在每一个网络时隙拓扑中，实验随机地选取不同数目的链路作为目标链路：5%或50%的网络链路为目标链路。为了更加全面地评估算法性能，实验在每一种网络设置下重复进行了10次实验，并给出了实验结果的平均值。由于 MMP 算法将拓扑中所有的链路都作为目标链路，所以在同一个通信范围阈值和时隙长度下。只需要将 IMMP 算法执行一次。

5.3.2 预先式监测节点部署性能评价

实验首先比较了不同监测节点部署算法在实现目标链路可识别性时需要部署的监测节点数量。需要说明的是，实验比较的所有算法都可以保证网络拓扑中所有目标链路的可识别性。图5.12显示了在出租车网络和无线传感网络 GreenOrbs 中的监测节点部署结果，其中各拓扑上有5%的链路为目标链路（即目标链路比率为 5%）。从图 5.12 中可以观察到为了测量所有时隙拓扑上目标链路的性能指标，IMMP 算法始终部署了大量不必要的监测节点。与预期的一样，相比于 bMAPLink 和 MAPLink，uOMA 算法使用了更多的监测节点。尽管 bMAPLink 在这些网络设置下具有良好的性能，但基于对监测节点部署约束条件的合并，MAPLink 算法可以进一步提高监测节点部署的性能，即减少监测节点的数目。同时可以看出，在不同拓扑上实现相同比率的目标链路的可识别性，需要的监测节点数目有很大的不同。例如，在出租车网络中，当出租车通信范围阈值分别为 500m 和 3500m 时，使用 MAPLink 分别需要部署 80 个和 5 个监测节点。这主要是因为当通信范围阈值为 3500m 时网络拓扑将会变得更加密集，而相比于稀疏的网络拓扑，密集的网络拓扑中存在更多可用的端到端测量路径，从而允许部署更少的监测节点。

图 5.13 显示了当网络目标链路比率为 50% 时监测节点的部署结果。值得注意的是，IMMP 算法仍然需要部署更多的监测节点来测量目标链路的性能指标。同样地，MAPLink 的监测节点部署性能仍会优于 uOMA 和 bMAPLink 的性能。与图 5.12 中的结果相比，由于需要测量更多的目标链路，所以监测节点部署的数目也会更多。

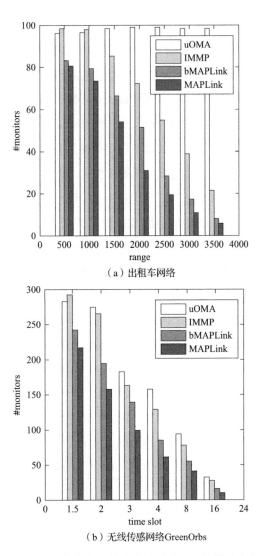

（a）出租车网络

（b）无线传感网络GreenOrbs

图 5.12 不同监测节点部署算法性能对比（目标链路比率为 5%）

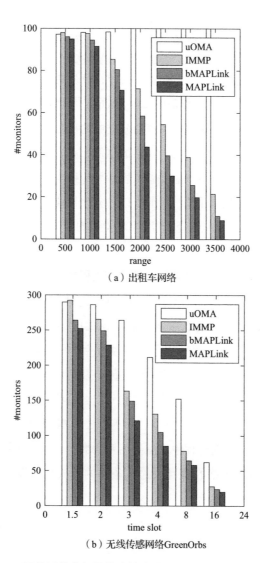

（a）出租车网络

（b）无线传感网络GreenOrbs

图 5.13　不同监测节点部署算法性能对比（目标链路比率为 50%）

5.3.3 监测节点部署算法运行开销

为了提高监测节点部署的效率，预先式监测节点部署算法 MAPLink 利用现有裁图算法 Scalpel[83] 对网络各时隙拓扑进行了裁剪，并保留了被裁剪分支中的部分节点，即辅助节点。另外，为了尽量减少冗余的监测节点，MAPLink 将各时隙拓扑上的监测节点部署需求表示为约束条件的形式。为了评估算法的存储开销，本小节首先统计 MAPLink 算法在动态拓扑网络监测节点部署时需要保存的辅助节点数目和约束条件数目。

表 5.4 显示了 MAPLink 算法在出租车网络的每个时隙拓扑上平均生成的辅助节点($|H|$)和约束条件($|F|$)的个数。可以看到，辅助节点的数目要比拓扑中总的节点数目(100 个)少得多。尤其当网络有更多目标链路时，辅助节点数目可以进一步减小。这主要是因为随着目标链路数目的增加，拓扑中被裁图算法裁剪掉的分支数目将会减少，从而保留的辅助节点的数目也会减少。另外，观察到 MAPLink 算法在监测节点部署过程中只需要用到少数几个约束条件，并且网络中目标链路的数目对约束条件的生成数目没有明显的影响。

表5.4 MAPLink 算法在出租车网络的辅助节点数目和约束条件数目

范围阈值/m	5%		50%	
	$|H|$	$|F|$	$|H|$	$|F|$
500	44.5	21.3	28.1	24.2
1000	37.8	16.0	23.5	19.4
1500	28.2	12.7	15.6	14.1
2000	22.9	9.6	10.2	11.3
2500	14.1	4.9	8.2	5.6
3000	9.6	2.5	5.5	4.3
3500	4.9	1.8	2.4	3.1

其次，实验还评估了不同监测节点部署算法的时间开销。表5.5 和表5.6 分别比较了多个不同算法在出租车网络和无线传感网络 GreenOrbs 中生成监测节点部署结果需要消耗的时间。其中，各网络拓扑上目标链路的比率为50%。本小节在一台配备英特尔 i3-2100 CPU 处理器、4.0GB 内存和 64 位 Windows 7 操作系统的台式机上进行了实验仿真。从表中数据可以看出，由于缺少拓扑裁剪和约束条件提取的过程，IMMP 算法在两个动态拓扑网络中的执行速度要比其他算法的执行速度快得多。在大多数情况下，uOMA 和 bMA-PLink 的运行时间是比较相近的。尽管 MAPLink 算法需要更长时间来完成监测节点的部署，但其在各种不同网络中的时间开销还是可以接受的。

表 5.5　各种监测节点部署算法在出租车网络的运行时间
（目标链路比率＝50%）

范围阈值/m	IMMP/s	uOMA/s	bMAPLink/s	MAPLink/s
500	9.35	25.43	38.56	39.79
1000	38.29	100.58	141.54	144.08
1500	129.12	365.34	496.22	528.70
2000	256.02	744.42	1007.69	1312.52
2500	351.87	951.51	1268.92	1734.94
3000	560.24	1524.39	2036.79	2392.58
3500	822.25	2216.60	3275.98	3402.23

表 5.6　各种监测节点部署算法在 GreenOrbs 网络的运行时间
（目标链路比率＝50%）

时隙长度/h	IMMP/s	uOMA/s	bMAPLink/s	MAPLink/s
1.5	31.69	72.53	93.06	98.47
2	36.97	83.65	99.90	103.62
3	33.19	74.82	98.96	102.90
4	32.79	74.17	95.87	100.20
8	29.28	65.29	90.22	91.96
16	22.43	49.39	64.52	70.26

5.4　本章小结

　　本章详细阐述了一种基于时变拓扑序列的链路测量技术，以有效应对拓扑动态性对网络内部链路性能测量的影响，在保证链路可识别性的同时，尽可能地降低测量的成本与开销。本章的主要创新点归结如下。

1）本章首次考虑了在面对网络拓扑变化时链路性能的测量问题。此前国内外研究工作大多针对静态拓扑的网络场景，即在一个固定拓扑中的链路性能测量。随着动态路由和时变拓扑越来越成为无线自组织网、物联网和软件定义网等新型网络的重要特征，本章工作将有助于提高网络测量在多种网络场景中的有效性。此外，本章工作考虑了对网络任意一组链路（即目标链路）性能的测量，提高了测量的灵活性。

2）本章提出了一种预先式监测节点部署算法 MAPLink，使得服务提供商与管理员可以在网络规划阶段，完成对网络运行时链路性能测量所需监测节点的部署，从而有利于降低监测节点更换的成本以及保障测量的稳定性。具体地讲，MAPLink 首先用约束条件的形式来表示各时隙拓扑上监测节点部署与目标链路测量之间的关系。然后，将基于约束条件的监测节点选取问题映射为一个广义的碰撞集问题，并设计了一个高效的启发式求解算法。最后，本章提出了一个约束条件合并方法以进一步提高 MPALink 算法的性能。

3）本章形式化地证明了预先式监测节点部署算法 MAPLink 在动态拓扑网络中的有效性，即部署的监测节点可以保证所有时隙拓扑中目标链路的可识别性。同时，本章实现了 MAPLink 算法并在数百个实际的动态拓扑中对其进行了性能评估。实验结果表明，和传统方法相比，MAPLink 能够显著地减少监测节点部署的数目。

第6章

基于失效分类建模的链路测量技术

6.1 需求与挑战

现有很多关于网络断层扫描技术的研究工作尝试回答网络拓扑与链路性能可识别性具有何种关系这一问题[35,75,79,91]，想要解决对于给定的网络拓扑，如何部署最少的监测节点以测得网络链路性能指标。但是这些工作均假设链路性能测量过程中网络通信一直是稳定可靠的，并未考虑到网络通信失效的情况。为了保证网络测量在链路变动（或失效）时的有效性，第5章使用一个时变网络模型来刻画链路变动对网络拓扑结构的影响，并基于网络拓扑连通性的预测设计了预先式监测节点部署算法。然而，由于在网络运行过程中存在多种不可预知的因素（例如人为误差、硬件故障和自然灾害等），对网络拓扑结构的预测往往存在一定的误差，而这些预测误差（即不可预测的链路失效）可能会极大地影响网络测量方法的性能。为此，本章将针对网络链路的失效性及拓扑预测的误差提出稳健的测量技术，在保证链路失效发生时测量任务顺利进行的同时，最大限度地降低测量的成本与开销。实现这一目标面临以下两方面的需求与挑战。

6.1.1　网络通信失效

在实际应用中，由于通信介质、系统资源、传输流量和使用方式等因素的影响，链路通信失效（如节点间不连通）是互联网和其他网络系统中比较常见的现象[96,118]。例如，相比于传统有线网络，无线信道可靠性更低、带宽资源更加有限，使无线传感网络更易受周围环境、传输距离、传输速率等因素的影响，网络通信失效（如节点故障或链路拥塞）发生的频率将会更高。

此外，移动自组织网络由于部署的灵活性和使用的便捷性，在多个领域中得到了广泛的应用，如突发事件或灾害后的应急通信与营救等。总体上，移动自组织网络是由多个带有无线收发装置的移动节点组成的、无须基础设施支持的动态可重构多跳网络。而网络节点的移动和无线通信的干扰往往容易导致链路通信的失效，从而严重影响移动自组织网络的运行、性能及服务质量。为此，国内外研究者提出了多种不同的路由协议（如按需路由协议 AODV[119]），通过消耗尽量少的网络资源以找到持续时间更长的稳定路由，从而保证网络数据的有效传输。图 6.1 显示了在一个仿真的自组织网络中链路失效次数的统计结果[120]。该网络包含 n 个在 1500m×2000m 的矩形区域内均匀分布的移动节点。节点在规定的区域内，以速度 v（服从 $[0,10]$m/s 的均匀分布）向随机选择的一个目的位置移动，到达该位置后，等待一段时间（10s）再向下一个目的位置移动，如此重复。节点的无线通信距离为 300m。为了考察不同节点密度对链路失效的影响，实验分别测试了 4 种不同规模的网络，即 $n = 80, 120, 160, 200$。此外，实验比较了 3 种不同路由协议（即通信机制）对链路失效的影响。从图中结果可以看出，随着网络节点数目的增加，链路失效的次数将会显著增加。对于所有形式的路由协议，在整个仿真期间（900s），网络链路失效次数可达上千次。这个结果反映了链路失效在当前网络中的普遍性。

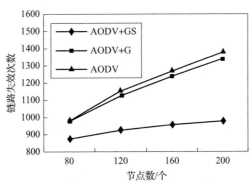

图 6.1　无线自组织网络链路失效次数

面对实际应用中网络链路失效的普遍性和频繁性，如何有效应对链路失效对网络测量的影响，从而保证测量任务的顺利进行成为一个亟须解决的问题。

6.1.2 网络测量稳健性

从 6.1.1 节的叙述中可以看出，通信失效经常发生于日常使用的多种形式的网络中。而通信失效（如链路故障）对网络测量往往会产生很大的影响，甚至阻碍测量任务的正常执行。在网络断层扫描中，对于一组特定的监测节点部署，当网络所有链路都能正常通信时，通过监测节点之间端到端路径的测量数据可以推断出网络内部链路的性能指标。而当网络发生链路失效时，包含失效链路的测量路径将不再能够使用，从而可能得到不同的测量数据，影响非失效链路性能的可识别性，使原来可识别的链路变得不可识别。

以图 6.2 所示网络中链路 l_3 的性能测量为例，在该拓扑中，节点 v_1 被部署为监测节点，通过收集四条起止于监测节点 v_1 的端到端路径（p_1：$l_2 l_6 l_1$，p_2：$l_5 l_4 l_1$，p_3：$l_2 l_3 l_4 l_1$，p_4：$l_5 l_3 l_6 l_1$）的性能数据，可以推算出链路 l_3 的性能。对于可累加的链路性能指标（如链路时延和取对数后的链路丢包率），可以用线性方程组的形式将已知的端到端测量路径性能数据和未知的链路性能关联起来（如图 6.2 右侧所示，用 x_i 表示链路 l_i 的性能值，c_i 表示测量路径 P_i 的性能值），其中每条测量路径的信息分别对应方程组中的一个方程。通过求解这个方程组，可以计算出链路 l_3 的性能 $x_3 = (c_3 + c_4 - c_1 - c_2)/2$。然而，当链路 l_2 失效时，测量路径 p_1：$l_2 l_6 l_1$ 和 p_3：$l_2 l_3 l_4 l_1$ 由于包含 l_2 将变得不可用，方程组将只包含方程②和方程④的信息，此时将无法计算出链路 l_3 的性能指标，即 l_3 将变得不可识别。因此，当前的监测节点部署方式无法避免链路失效对网络性能测量的影响。相反，如果将监测节点部署在节点 v_2，当链路 l_2 失效时，通过收集起止于 v_2 且不包含 l_2 的测量路径数据，仍可以测得链路 l_3 的性能（具体分析将在 6.2 节给出），从而提高了测量的稳健性。

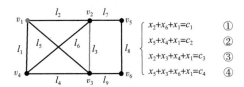

$$\begin{cases} x_2 + x_6 + x_1 = c_1 & ① \\ x_5 + x_4 + x_1 = c_2 & ② \\ x_2 + x_3 + x_4 + x_1 = c_3 & ③ \\ x_5 + x_3 + x_6 + x_1 = c_4 & ④ \end{cases}$$

图 6.2　链路失效对网络测量的影响示例

为了能够有效应对测量过程中链路失效的情况，稳健的监测节点部署是网络测量的重要需求以及挑战。

6.2　设计与实现

本节将详细阐述如何在应对链路失效及拓扑预测误差对网络测量影响的同时尽可能地降低测量的成本与开销。首先，本节将给出网络链路失效的类型及其刻画方式，其中包括对网络模型的描述。其次，本节将介绍一些和算法设计相关的图论概念及定义。然后，本节将重点描述提出的多个稳健的监测节点部署算法以及冗余监测节点的识别算法，以进一步减少监测节点的部署数目。最后，本节将进行形式化的理论证明，以说明所提算法的有效性和时间复杂度。

6.2.1　链路失效类型的定义

形式上，链路失效可以是两个节点间的不连通，也可以是节点间出现严重的数据包丢失或超长的时延等现象。随着网络组成的复杂化及应用的多样化，网络链路失效的发生往往受多方面因素的影响。一方面，在固有工作模式的设定下，网络链路可能会发生周期性的通信中断（即失效）。例如，对于行驶路线、调度时间固定的车联网（如图 6.3 所示）和服从特定占空比（duty-cycle）的无线传感网，其网络节点之间的连通性可以较为准确地预测出来，即存在可预测（predictable）的链路失效。另外，在网络运行过程中由于一些不可预知因素的介入，链路也可能会发生突然性的失效。例如，当网关/路由器发生硬件故障或自然灾害到来时，在故障或灾害区域的链路将难以继续正常通信。本章称这类链路失效为不可预测（unpredictable）的链路失效。

就失效的预测性而言，网络链路失效存在可预测的链路失效和不可预测的链路失效两种类型。考虑一个用无向图

图6.3　行驶路线固定的车联网

$G=(V,L)$ 表示的网络，其中，V 和 L 分别代表网络的节点集合和所有可能链路的集合。例如，基于节点移动性、节点通信范围和长时间的拓扑统计信息，可以计算出网络中每一条可能存在的链路。在网络运行阶段，由于可预测链路失效和不可预测链路失效的发生，将导致网络拓扑结构的变化。其中可预测的链路失效可以用一个时变网络模型来刻画。具体地讲，用一个无向图序列 $\{G_t=(V,L_t):t=1,\cdots,T\}$ 表示在可预测链路失效下的时变拓扑，其中 V 和 L_t 分别为第 t 个预测拓扑的节点集合和链路集合。显然，每一个预测拓扑 $G_t(t=1,\cdots,T)$ 可以通过去除失效链路的方式而得到，即 $L_t\subseteq L$。值得注意的是，由于任何拓扑连通性（即链路）预测误差都可以被视为不可预测的链路失效，所以本节的时变网络模型不要求对未来的拓扑变化进行完美的预测（即不需要假设 100% 的预测准确率），这也是本章工作与现有大多断层扫描研究工作的一个重要区别。此外，不可预测的链路失效可以是对链路失效的过高估测（即高估），也可以是对链路失效的过低估测（即低估）。对于被高估的链路失效（即链路实际上是正常有效的，但被预测为失效的），其不会对网络测量产生不利的影响。因此，本章主要考虑链路失效被低估的情况，即链路实际上是失效的，但却被预测为正常可用的。

为了量化不可预测链路失效的影响以及便于稳健测量方法的设计，本章用一个参数 $k(k=0,1,\cdots)$ 来表示每一个预测拓扑中最多允许存在的不可预测的链路失效的数目。需要说明的是，为了便于应对网络测量及拓扑预测过程中存在的任意数目的不可预测链路失效和任意程度的拓扑预测误差，断层扫描方法使用时参数 k 可以被设置为任意的数值。

本节用 uv 表示节点 u 和节点 v 之间的链路，同时假定网络链路是对称的，即链路 uv 的性能指标和链路 vu 的性能指标是一样的。此外，本章假设所有链路的性能指标是可累加及稳定的，其中稳定的链路指标是指相对于测量过程变化缓慢的指标。在基于网络断层扫描的测量技术中，网络节点集 V 中的一部分节点将被选取为监测节点，接着监测节点间可以沿着一组测量路径发送和接收探测包，从而获得该组测量路径端到端的性能数据。从测量路径的形式来看，测量路径大致可以分为两种类型：不含环路的测量路径和含有环路的测量路径。其中，不含环路的测量路径的起点和终点分别在不同的监测节点上，而含有环路的测量路径的起点和终点在同一个监测节点上。此外，随着路由可控性的提高，包含环路的测量路径通常可以经过一个节点多次，但不能经过一条链路多次（为了减少链路负载）[31]。本节假设监测节点可以控制探测包的路由，并允许一个监测节点 m_A 的探测包经过一条含有环路的路径到达另一个监测节点 m_B 或者经过一条含有环路的路径返回 m_A。

对于可累加的链路性能指标，一条端到端的路径测量数据等于该路径上所有链路性能指标之和。基于一组端到端路径测量信息，可以建立一个线性方程组，其中方程组的未知量是端到端路径上每一条链路的性能指标，已知的常数项是收集的端到端路径测量值，且一条端到端路径对应于方程组中的一个方程。根据线性代数的相关知识可知，当且仅当方程组系数矩阵的秩与方程组未知量的个数相等时，方程组才有唯一解，即可以唯一地确定所有未知量的值。对于网络 G 中一个特定的监测节点部署，如果一条链路 l_i 的性能指标可以从与该监测节点部署对应的线性方程组中唯一地确定（即有唯一解），则称链路 l_i 是可识别的（或0-可识别的，0-identifiable）；否则，则称链路 l_i 是不可识别的（unidentifiable）。如果 G 中所有链路都是可识别的，则称网络 G 是完全可识别的。

在一个具有时变拓扑（由可预测的链路失效产生）的网络中，当发生不可预测的链路失效时，由于原来的测量路径可能会变得不可用，所以原先可以识别的链路也可能会变得不可识别。对于网络 G 中 k 条不可预测的链路失效,其可能的场景有 $\binom{n}{k}$ 种,其中 n 为网络 G 包含的链路数目。每一种链路失效场景对应着一个拓扑形式,即将 k 条失效链路从 G 移除后生成的拓扑。对于网络 G 中一种特定的监测节点部署 φ,当且仅当在所有 k 条不可预测链路失效(链路 l_i 本身没有失效)的场景中链路 l_i 在监测节点部署 φ 下都是可识别的,本节称链路 l_i 是 k-可识别的(k-identifiable)。此时,本节也称监测节点部署 φ 可以实现链路 l_i 的 k-可识别性(k-identifiability)。当网络 G 中所有链路都是 k-可识别的,则称网络 G 是 k-可识别的。此时,本节也称监测节点部署 φ 可以实现网络 G 的 k-可识别性。由上述定义可知,网络中一条 $(k+1)$-可识别的链路也必定是 k-可识别的。同时, k 的数值越大表示网络结构越稳健,并且网络测量的容错性也越好。

为了更直观地说明当网络中存在不可预测的链路失效时 k-可识别的含义,下面给出一个简单的例子。图 6.4 所示为一个包含 6 个节点和 11 条链路(l_1-l_{11})的网络拓扑,其中 m 为部署的一个监测节点。这里仅使用起止于 m 的测量路径(即测量环路)来推断单条链路的性能。图 6.4 右侧列出的方程组对应于 9 条可能的测量环路(p_1-p_{11}),其中, x_i 表示链路 l_i 的性能值, c_i 表示环路 p_i 的测量值。为了便于说明,下面重点讨论链路 l_5 和 l_8 的性能可识别性。

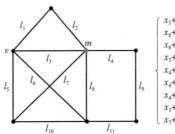

图 6.4　网络 k-可识别链路的示例

对于链路 l_5，从图 6.4 右侧的线性方程组中，可以求解出其性能的唯一解 $x_5 = (c_3 + c_9 - c_2 - c_1)/2$。因此，链路 l_5 是可识别的（或 0-可识别的）。然而，当链路 l_{10} 失效时，通过剩余的测量环路的数据将无法求解出 l_5 的性能值 x_5。因此，在监测节点 m 下，链路 l_5 是 0-可识别的，但不是 1-可识别的。

对于链路 l_8，从图 6.4 右侧的线性方程组中，可以获得其性能的唯一解 $x_8 = (c_1 + c_2 - c_4)/2$。因此，链路 l_8 是可识别的（或 0-可识别的）。下面将说明在任意一条其他链路失效的情况下（即存在一个不可预测的链路失效），链路 l_8 仍然是可识别的。

● 当 $\{l_1, l_2, l_4, l_5, l_9, l_{11}\}$ 中的一条链路失效时，由于不会影响测量路径 p_1、p_2 和 p_4 的正常使用，所以链路 l_8 仍是可识别的。

● 当 $\{l_3, l_6\}$ 中的一条链路失效时，由于测量路径 p_2、p_5 和 p_7 不会经过失效链路，仍然可以通过以下方式求得链路

l_8 的性能：$x_8 = (c_2+c_5-c_7)/2$。

● 类似地，当 $\{l_7, l_{10}\}$ 中的一条链路失效时，链路 l_8 的性能可以通过以下方式求得：$x_8 = (c_1+c_5-c_6)/2$。

因此，链路 l_8 是 1-可识别的。另外，当链路 l_4 和 l_{10} 同时失效时，将无法唯一地确定链路 l_8 的性能值，所以链路 l_8 不是 2-可识别的。值得注意的是，在不同的监测节点部署下，网络链路的 k-可识别性也可能是完全不同的。例如，在图 6.4 中，如果选择将监测节点部署在节点 v 上，则链路 l_8 也将不是 1-可识别的。从这个例子中可以看出，稳健的监测节点部署是非常重要的。

为了提高测量的稳健性并降低测量的成本，本节工作的主要目标是在网络规划阶段选择最少数目的网络节点作为监测节点，以保证在可预测和不可预测链路失效同时发生的情况下，对网络所有非失效链路性能的可识别性。

6.2.2　图论相关概念

为了便于对后文算法设计的描述，本小节将介绍一些需要用到的图论背景知识，主要包括一些图论术语的定义。

连通图　在一个图中，如果任意两个节点之间都至少存在一条路径（可以是单条链路）相连，那么该图被称作连通图。

平凡图　由一个孤立节点组成的图称为平凡图。

k-边连通图　使连通图 G 成为不连通图或平凡图所需要

删除的最少链路数目称为图 G 的边连通度。若图 G 的边连通度不小于 k，则称图 G 为 k-边连通图。或者，当图 G 中任意两个节点之间至少存在 k 条没有相交链路（edge-disjoint）的路径将它们相连时，则称图 G 为 k-边连通图。此外，对于图 G 中的两个节点 u 和 v，当 $u=v$ 或 u 和 v 之间存在 k 条链路不相交的路径时，本小节称 u 与 v 是 k-边连通的。

k-边连通分支（k-edge-connected component） 图 G 的 k-边连通分支是 G 的一个极大连通子图，并且满足以下两条性质中的一个：①该子图是一个 k-边连通图；②该子图包含的节点两两之间都是 k-边连通的。

连接链路（connector link） 如果图 G 的一条链路 l 连接了两个不同 k-边连通分支上的节点（即链路 l 的两个端点位于不同的 k-边连通分支上），则称链路 l 是一条连接链路。

下面使用图 6.5 中的例子说明上述图论相关概念。图 6.5 中所示的整个拓扑图包含两个由链路 l_3 连接的 2-边连通分支 B_1 和 B_2（图中用虚线方框表示）。因此，对于连通分支 B_1 和 B_2 来说，l_3 是一条连接链路。此外，2-边连通分支 B_1 可以进一步划分为 3 个 3-边连通分支 T_1、T_2 和 T_3（图中用虚线圆圈表示）。类似地，T_1 的连接链路为 l_1 和 l_2。需要注意的是，2-边连通分支 B_2 里的每个节点都是一个 3-边连通分支。此外，由于节点 u 和节点 v 之间存在 4 条没有相交链路的路径（其中 3 条路径位于分支 $\{u,v\}$ 外），所以 $\{u,v\}$ 是一个 4-边连通分支。

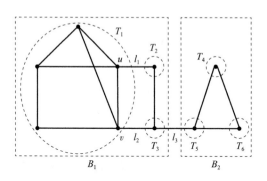

图6.5　图论相关概念示例（边连通图）

6.2.3　稳健监测节点部署算法

本小节将详细阐述多种稳健的监测节点部署算法，以有效应对可预测链路失效和不可预测链路失效对网络测量的影响，并保证（非失效）链路性能的k-可识别性。其中，本小节还将分析算法在监测节点部署数量与时间复杂度之间的平衡。

6.2.3.1　两种简单的部署算法

面对网络链路的失效性，基于现有监测节点部署算法，本小节首先设计了两种简单而稳健的部署算法。

（1）联合部署算法（uMPK）

在一个固定网络拓扑中，已有算法 MPK（monitor placement for k-identifiability）[121] 可以实现链路的k-可识别性。

具体地讲，给定网络中允许存在的不可预测的链路失效数目（即参数 k 的值），MPK 首先将网络拓扑划分为多个 $(k+3)$-边连通分支，接着依次在每个 $(k+3)$-边连通分支中部署一个监测节点。虽然 MPK 算法能够确保链路在网络失效时的 k-可识别性，但其在监测节点部署过程中将所有的网络失效当作是完全不可预测的，这种悲观的网络失效刻画方式容易造成次优的监测节点部署结果（第 6.3 节将具体描述）。实际上在很多网络应用场景中，基于网络组成和通信模式等已知信息，服务提供商和网络管理员可以一定程度上预测网络未来的失效情况[113-114,122]，即存在一些可预测的网络失效。通过对网络失效情况的预测，可以得到网络在多个不同时刻的拓扑结构，即一个拓扑序列 $\{G_t=(V,L_t): t=1,\cdots,T\}$。为了保证链路性能在可预测失效和不可预测失效下的可识别性，首先可以将算法 MPK 应用于每一个基于链路失效预测得到的拓扑 G_t（后文将简称为预测拓扑），从而得到应对 G_t 上不可预测链路失效的监测节点部署 M_t。然后将所有预测拓扑上监测节点部署结果的并集作为最终的监测节点部署 M，即 $M=\bigcup_{t=1}^{T}(M_t)$。本节称该部署算法为联合的 MPK 部署算法（uMPK，union-MPK）。

虽然 uMPK 算法可以保证所有预测拓扑中链路的 k-可识别性，但其往往会选取许多冗余的监测节点。以图 6.6 所示网络的 k-可识别性为例，图 6.6（a）和图 6.6（b）分别

表示由链路失效预测得到的两个拓扑 G_1 和 G_2。这两个预测拓扑的区别是：在第一个拓扑 G_1 中，节点 d 和节点 e 是直接相连的，即 G_1 多包含了一条链路 de。这里假设网络不会发生不可预测的链路失效，即 $k=0$。在图 6.6（a）中，由于 G_1 是一个 3-边连通图，根据现有关于链路可识别性的结论[37]，选择任意一个网络节点作为监测节点即可实现所有链路的可识别性。因此，G_1 中一种最优的监测节点部署是 $\{a\}$。不同的是，图 6.6（b）中拓扑 G_2 变为一个 2-边连通图，其包含两个由链路 bf 和 cg 连接的 3-边连通分支。对于 G_2，为了实现所有链路的可识别性，需要分别在每个 3-边连通分支中部署一个监测节点，因此一种最优的监测节点部署是 $\{d,h\}$。综上，将 uMPK 算法分别应用于预测拓扑 G_1 和 G_2 而生成的监测节点部署结果如下：G_1 中 $M_1=\{a\}$，G_2 中 $M_2=\{d,h\}$，所以部署的监测节点总数目 $|M| = \left| \bigcup_{t=1}^{2}(M_t) \right| = 3$。然而，实际上 M_2 本身可以同时实现拓扑 G_1 和 G_2 的可识别性，所以 uMPK 算法选取了一个冗余的监测节点（即节点 a）。

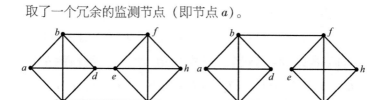

（a）3-边连通图 G_1　　　　　　　（b）2-边连通图 G_2

图 6.6　uMPK 算法监测节点部署示例

时间复杂度 联合部署算法 uMPK 的时间复杂度主要取决于 MPK 算法的复杂度。对于单个预测拓扑 $G_t = (V, L_t)$，为了保证其链路在不可预测失效下的 k-可识别性，MPK 算法需要消耗 $O(|L_t|)$ 时间（$k=0$）或 $O(k|V|^4)$ 时间（$k>0$）以完成监测节点的部署[121]。为了保证对所有预测拓扑 $\{G_t = (V, L_t) : t = 1, \cdots, T\}$ 的 k-可识别性，uMPK 需要依次将 MPK 算法应用于每一个预测拓扑。因此，对于所有（T 个）预测拓扑，当不允许存在不可预测的链路失效时（即 $k=0$），uMPK 算法的总体复杂度为 $O\left(\sum_{t=1}^{T} |L_t|\right)$；当允许存在不可预测的链路失效时（即 $k>0$），uMPK 算法的总体复杂度为 $O\left(\sum_{t=1}^{T} k|V|^4\right)$。

（2）一次性部署算法

直观上，与部署监测节点以实现单个拓扑的可识别性相比，部署监测节点以实现所有预测拓扑的可识别性要复杂得多。为此，下面将首先说明通过实现在相同链路失效场景下一个拓扑的可识别性，即可实现对所有预测拓扑的可识别性。面对多个预测拓扑，本节引入一个称为基础图（base graph）的辅助拓扑[123]。形式化地，对于一组预测拓扑 $\{G_t = (V, L_t) : t = 1, \cdots, T\}$，将基础图（用 G_b 表示）定义为这些拓扑的最大公共子图，即：$G_b = \left(V, \bigcap_{t=1}^{T} L_t\right)$。由于可以通过在基础图 G_b 中增加链路的方式得到每一个预测拓扑 G_t，下面定理表明了基础图 G_b 的 k-可识别性与每一个预测拓扑 G_t 的 k-可识别性之间的联系。

定理 6.1 如果一种监测节点部署 M 可以实现多个拓扑 $\{G_t = (V, L_t) : t = 1, \cdots, T\}$ 的基础图 G_b 的 k-可识别性,那么 M 也可以实现每一个拓扑 G_t 的 k-可识别性。

证明 基于现有关于链路可识别性的结论[37],一条链路是 k-可识别的当且仅当其位于一个 $(k+3)$-边连通分支中,同时该 $(k+3)$-边连通分支被包含在至少有一个监测节点的 $(k+2)$-边连通分支中。因此,为了实现基础图 G_b 中所有非失效链路的 k-可识别性,监测节点部署 M 需要从 G_b 的每个 $(k+2)$-边连通分支中至少选择一个节点作为监测节点。根据基础图的定义,每一个拓扑 G_t 可以通过向基础图 G_b 中添加链路的方式得到。对于拓扑 G_t 中的一条链路 l,如果链路 l 也存在于基础图 G_b 中,那么其位于 G_b 的 $(k+3)$-边连通分支中(同时也必定位于 G_t 的 $(k+3)$-边连通分支中),所以链路 l 仍然是 k-可识别的。如果链路 l 不在基础图 G_b 中(即 l 是 G_t 新增加的链路),其在基础图 G_b 的位置有以下两种可能情况:① l 在基础图 G_b 的一个 $(k+2)$-边连通分支 C^{k+2} 中;② l 连接了基础图 G_b 中两个不同的 $(k+2)$-边连通分支,即 l 的两个端点位于 G_b 的两个不同的 $(k+2)$-边连通分支上。对于第一种情况,由于链路 l 也包含在 $(k+2)$-边连通分支 C^{k+2} 的一个 $(k+3)$-边连通分支里,所以 l 是 k-可识别的。对于第二种情况，在已有监测节点之间至少存在一条经过链路 l 和其他 k-可识别链路的测量路径，基于该路径测量值及其他 k-可识别链路的性能值，可以推算出链路 l 的性能值，即 l 也是 k-可识别的。综合以上分析，可以说明监测节点部署 M 能够实现每一个预测拓扑 G_t 中非失效链路的 k-可识别性。

上述观察结果可直接应用于可预测链路失效和不可预测链路失效同时存在下监测节点部署算法的设计。具体地讲，给定在每个预测拓扑中不可预测的链路失效数目（即参数 k 的值），首先通过识别所有预测拓扑的公共链路来得到这些拓扑的基础图 G_b，然后在基础图 G_b 上使用 MPK 算法[121] 以实现 G_b 的 k-可识别性，最后将 G_b 上的监测节点部署作为所有预测拓扑的监测节点部署结果。本节称该部署算法为一次性部署算法（one-time placement）。需要说明的是，由于基础图 G_b 的连通性通常要比预测拓扑 $\{G_t = (V, L_t): t = 1, \cdots, T\}$ 的连通性差得多，虽然一次性部署算法实现简单，但其往往会部署大量冗余的监测节点。

时间复杂度　一次性部署算法主要包括两个阶段：①通过遍历每个预测拓扑 $G_t = (V, L_t)(t = 1, \cdots, T)$ 的链路以计算出这些拓扑的基础图 G_b，该操作可以在 $O(T min_t |L_t|)$ 时间内完成；②将 MPK 算法应用于基础图 G_b 以实现所有非失效链路的 k-可识别性，该操作可以在 $O(min_t |L_t|)$ 时间（$k = 0$）或 $O(k|V|^4)$ 时间（$k > 0$）时间内完成[121]。因此，对于所有

（T 个）预测拓扑，一次性部署算法的总体时间复杂度当 $k=0$ 时为 $O(Tmin_t|L_t|)$，当 $k>0$ 时为 $O(k|V|^4+Tmin_t|L_t|)$。

6.2.3.2 增量部署算法

如前所述，在基于链路失效预测的时变拓扑序列中使用联合部署算法 uMPK 极有可能会选择很多冗余的监测节点。为了减少网络中冗余监测节点的数量，本小节设计了一种增量式的监测节点部署算法 IMPK（incremental MPK）。简单地说，IMPK 在依次为每个预测拓扑选取监测节点的过程中，考虑了当前已部署的监测节点，并尽可能地减少新监测节点的部署数量。形式化地，对于一组预测拓扑 $G_t(t=1,\cdots,T)$，给定前面 $t-1$ 个拓扑中的监测节点部署 M_{t-1}，IMPK 可以按以下步骤得到第 t 个拓扑的监测节点部署 M_t：

（1）$M_{a,t}\leftarrow \text{IMPK}(G_t,k,M_{t-1})$；

（2）$M_t\leftarrow M_{t-1}\cup M_{a,t}$.

其中，M_0 被初始化为一个空集，$M_{a,t}$ 表示为实现拓扑 G_t 的 k-可识别性而额外部署的监测节点，M_T 是所有预测拓扑上最终部署的监测节点。

由于 M_t 可以实现前面 t 个拓扑 $G_1,\cdots,G_t$ 的 k-可识别性，因此 IMPK 的输出结果（即 M_T）将可以保证所有预测拓扑在 k 条不可预测链路失效下的可识别性。

时间复杂度 对于每一个预测拓扑 $G_t=(V,L_t)$ 的监测节

点部署，增量部署算法 IMPK 遵循与 MPK 相同的步骤，需要消耗 $O(\,|L_t|\,)\,(k=0)$ 的时间或 $O(k\,|V|^4)\,(k>0)$ 的时间。因此，对于所有预测拓扑 $G_t(t=1,\cdots,T)$，增量部署算法的总体时间复杂度为 $O\big(\sum_{t=1}^{T}|L_t|\big)$ $(k=0)$ 和 $O\big(\sum_{t=1}^{T}k\,|V|^4\big)$ $(k>0)$。

6.2.3.3 综合部署算法

通常，增量部署算法的性能与其对拓扑序列的处理顺序有很大关系。因此，就监测节点的数目而言，增量部署算法生成的结果是次优的（具体评估将在第 6.3 节给出）。这促使服务提供商和网络管理员综合考虑所有预测拓扑的监测节点部署需求，以便找到一种更好的监测节点部署方式。由于每个预测拓扑可能包含多个等效且最优的监测节点部署方式，通过枚举各个拓扑中监测节点部署以找到一个总监测节点数目最少（即并集最小）的部署方法将具有指数级复杂度。

相反，本小节所提算法的基本思想是将每个预测拓扑的监测节点部署需求表示成一组约束条件的形式，然后通过求解由这些约束所形成的优化问题，得到满足所有约束条件并实现所有预测拓扑 k-可识别性的监测节点部署。具体地讲，与 MPK 算法[121] 随机地在一个拓扑（或连通分支）上部署若干数目的监测节点不同，本小节将一个拓扑 $G_t=(V,L_t)$（或连通分支）上监测节点的部署需求记录成多个集合-整数对（set-integer pair）$F = \{(S_i, n_i) \mid i = 1, 2, \cdots\}$ 的形式，其中每一个 $S_i(S_i \subseteq V)$ 为一组候选的监测节点，n_i 表示从 S_i 中需要选择的监测节点的最小数目。例如，如果 MPK 算法需要在集合 S 中任意选择一个节点作为监测节点，可以用一个约束 $(S, 1)$ 来表示该监测节点部署需求。

给定一个拓扑 G 以及 G 中允许存在的不可预测的失效链路数目 k，本小节首先设计了一种可行的监测节点部署（feasible monitor placement，FMP）算法来计算 G 中所有的监测节点部署约束。算法 6.1 给出了 FMP 的描述。FMP 算法遵循与 MPK 算法相似的流程。不同的是，FMP 记录了使拓扑 G 中链路 k-可识别的监测节点部署约束，而不会选取特定的节点作为监测节点。具体地讲，对于 G 的每个连通分支 C，FMP 算法首先在度数为 1 或度数为 2 的节点 v 上生成约束条件 $(\{v\}, 1)$（第 3~4 行），其中节点 v 的度数指的是以 v 为端点的链路数目。对于图 6.6 中的拓扑，为了实现链路的可识别性，约束 $(\{c\}, 1)$ 和 $(\{d\}, 1)$ 会被添加到集合 F 中，否则将无法通过不经过重复链路的测量路径（或测量环路）推算出与节点 c 和节点 d 相连的链路的性能指标值。接着，FMP 算法将连通分支 C 划分为多个 $(k+3)$-边连通分支（第 5 行）。基于对拓扑图的划分，FMP 依次为每个 $(k+3)$-边连通分支生成一个约束条件，从而使得在每个 $(k+3)$-边连通分支上至少部署一个监测节点（第 6~7 行）。

算法 6.1　可行的监测节点部署（FMP）

输入：一个网络拓扑 G，参数 k
输出：监测节点部署约束 F
1：$F \leftarrow \varnothing$；
2：**for** each connected component C of G **do**
3：　　**for** each node v with degree less than 3 **do**
4：　　　$F \leftarrow F \cup \{(\{v\},1)\}$；
5：　　partition C into $(k+3)$-edge-connected components C_1^{k+3}，C_2^{k+3}，$\cdots$；
6：　　**for** each$(k+3)$-edge-connected component C_i^{k+3} **do**
7：　　　$F \leftarrow F \cup \{(C_i^{k+3},1)\}$；

在图 6.7 的拓扑中，$\{a,b,e,f\}$ 为一个 3-边连通分支（用虚线方框表示），而 $\{a,e\}$ 和 $\{b,f\}$ 为两个 4-边连通分支（用虚线圆圈表示）。当需要实现网络的 0-可识别性（即 $k=0$）时，那么约束条件（$\{a,b,e,f\}$，1）会被生成；当需要实现网络的 1-可识别性（即 $k=1$）时，那么约束条件（$\{a,e\}$，1）和（$\{b,f\}$，1）会被生成。

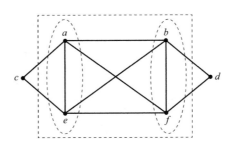

图 6.7　FMP 算法中监测节点部署约束生成示例

在将 FMP 算法（算法 6.1）应用于每个预测拓扑 $G_t(t=1,\cdots,T)$ 并获得所有必要的监测节点部署约束条件 F 后，本小节将预测拓扑 $G_t=(V,L_t)(t=1,\cdots,T)$ 中的监测节点部署问题转化为从网络节点 V 中选取一组能够满足所有约束的最小节点子集 M 的问题，即对于 F 中的所有约束 (S_i,n_i)，有 $|M\cap S_i|\geqslant n_i$。形式化地，本小节将基于部署约束条件的监测节点选取问题映射为以 (V,F) 为输入的最小碰撞集问题，即 min-HSP(V,F)。由于 FMP 算法生成的监测节点部署约束可以保证所有预测拓扑的 k-可识别性（第 6.2.4 节将对其进行形式化分析），因此可以通过求取相应最小碰撞集问题的最优解，得到一种最优的监测节点部署。然而，由于最小碰撞集问题是 NP 难的，所以基于部署约束的监测节点选取问题也是 NP 难的。

对于预测拓扑中监测节点的选取，首先可以确定网络中必须是监测节点的节点，即在一个拓扑中度数小于 3 的节点。其次，本小节使用一个启发式算法来完成其余监测节点的选取。该启发式算法的核心流程如下所述：当集合 F 中还存在未被满足的约束时，选取一个可以使 F 中最多未被满足的约束 (S_i,n_i) 变为满足的节点作为监测节点，即：给定当前选取的监测节点 M，如果节点 v 被最多数目且满足 $|M\cap S_i|<n_i$ 的节点集合 S_i 包含，则选取节点 v 为一个新的监测节点。下面定理说明该启发式算法可以取得对数近似比。

定理 6.2[123]　对于最小碰撞集问题 min-HSP(V,F)，设计的启发式求解算法可以实现 $(1+\log|F|)$ 的近似比，即启发式算法选取的监测节点数目最多为问题最优解的 $(1+\log|F|)$ 倍。

时间复杂度　综合监测节点部署算法包含 FMP 算法和求解最小碰撞集问题的启发式算法。FMP 算法首先将每一个预测拓扑 $\{G_t=(V,L_t):t=1,\cdots,T\}$ 划分为不同类型的连通分支。当不可预测失效链路数目为 0 时（即 $k=0$），拓扑的划分需要消耗 $O(|L_t|)$ 的时间[124]；否则（即 $k>0$），拓扑的划分需要消耗 $O(k|V|^4)$ 的时间[74]。接着，FMP 算法遍历每个连通分支以得到相应的监测节点部署约束 F，该过程可以在拓扑划分时完成。在最小碰撞集问题的求解中，对于每一个监测节点的选取需要统计 $O(T|V|)$ 个约束条件的满足情况，而一个约束条件满足情况的检验需要消耗 $O(|V|)$ 的时间，从而使启发式算法执行时间为 $O(T|V|^2)$。因此，综合部署算法的总体时间复杂度当 $k=0$ 时为 $O(T|V|^2)$，而当 $k>0$ 时为 $O(\sum_{t=1}^{T}k|V|^4)$。

6.2.4　稳健监测节点部署算法分析

本小节将形式化分析网络链路失效发生时综合监测节点部署算法的性能，证明综合部署算法可以保证所有拓扑中所有非失效链路的可识别性。特别地，对于与预测拓扑相比的额外链路（即失效被高估的链路），本小节还验证这些链路在所提算法生成的监测节点部署下也是可识别的。

下面给出一些在网络链路可识别性判定方面的现有结论[30,121]，这些结论为本小节算法的证明提供了理论基础。当网络不存在失效链路时，Goplan 等人[30] 给出了用一个监测节点使整个网络可识别的充要条件。

定理 6.3[30] 如果网络 G 是一个 3-边连通图，那么在 G 中任意选择 1 个节点作为监测节点即可以使 G 中所有链路都是可识别的。

对于网络中有多个监测节点的情况，Goplan 等人[30] 设计了一种监测节点融合操作，从而将多个监测节点下的链路可识别性问题简化为一个监测节点下的链路可识别性问题。

定义 6.1[30] 对于一个含有监测节点集合 M 的拓扑 G，融合操作将 G 转换成一个新的拓扑 G'，并且拓扑 G' 的节点集合 $V(G') = \{V(G) - M + \{m\}\}$，其中 m 为合并后的监测节点。同时，新拓扑 G' 的链路和原拓扑 G 的链路是一一对应的，即 $l \in G \leftrightarrow l' \in G'$。具体地讲，用 u 和 v 表示原拓扑 G 中链路 l 的两个端点，用 u'、v' 表示新拓扑 G' 中链路 l' 的两个端点，其对应关系如下：

$$(u',v')= \begin{cases} (u,v), & \text{如果 } u,v \notin M \\ (u,m), & \text{如果 } u \notin M \text{ 且 } v \in M \quad (6.1) \\ (m,m), & \text{如果 } u,v \in M \end{cases}$$

为了便于证明网络链路 k-可识别性的条件，Ren 等人[121]首先证明了监测节点的融合操作并不会影响链路的 k-可识别性。

定理 6.4[121]　　对于一个给定监测节点部署的拓扑 G，通过融合操作可以得到与其对应的新拓扑 G'。对于原拓扑 G 中的一条链路 l，当且仅当与其对应的新拓扑 G' 中的链路 l' 是 k-可识别的，l 才是 k-可识别的。

此外，当网络存在失效链路时，Ren 等人[121] 给出了链路性能 k-可识别（$k>0$）的充要条件。

定理 6.5[121]　　对于只有一个监测节点的网络 G'。一条链路是 k-可识别的当且仅当这条链路包含在监测节点所在 $(k+2)$-边连通分支里的 $(k+3)$-边连通分支中。

为了更清晰地说明上述结论和定义，图 6.8 给出了一个简单的示例。图 6.8（a）为含有两个监测节点 m_1 和 m_2 的原始拓扑。根据定义 6.1，图 6.8（b）所示为监测节点融合后的拓扑。可以看到，所有原来以 m_1 和 m_2 为端点的链路都映射为以 m 为端点的链路。基于定理 6.3，由于原拓扑是一个 3-边连通图，因此所有链路的性能都可以通过监测节点 m_1 和 m_2 测得，即所有链路都是 0-可识别的。定理 6.4 表明监测节点合并操作不影响链路的 k-可识别性，因此下面可以专注于分析监测节点融合后链路的 k-可识别性。基于定理 6.5，由于监测节点融合后的拓扑是 4-边连通的，所以图 6.8（b）中的所有链路性能都是 1-可识别的。由定理 6.4 可知原拓扑（图 6.8（a））中的所有链路在监测节点 m_1 和 m_2 下也是 1-可识别的。

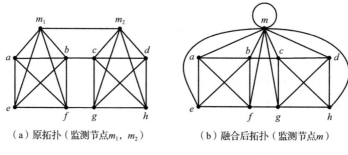

（a）原拓扑（监测节点 m_1, m_2）　　（b）融合后拓扑（监测节点 m）

图 6.8　多个监测节点融合操作示例

6.2.4.2　综合部署算法的有效性

在综合部署算法中，为了尽量减少冗余监测节点的数目，本小节使用 FMP 算法获得网络拓扑中监测节点部署约束并将监测节点选取问题映射为最小碰撞集问题（min-HSP）。下面引理表明 FMP 算法所生成的监测节点部署约束足以保证一个拓扑在任意 k 条不可预测链路失效下的性能可识别性。

引理 6.1　对于一个网络拓扑 $G = (V, L)$，如果一种监测节点部署 $M(M \subseteq V)$ 满足 FMP 算法生成的所有约束条件 F，

即对于集合 F 中的 (S_i,n_i)，都有 $|M\cap S_i|\geq n_i$，则 M 可以实现拓扑 G 在 $k(k\geq 0)$ 条不可预测链路失效下的可识别性。

证明 如 6.2.3 节算法 6.1 所示，对于一个输入参数值 k，FMP 算法在拓扑图 G 的每个 $(k+3)$-边连通分支中生成一个监测节点部署约束并把该约束加入集合 F。如果监测节点部署 M 满足 F 中的所有约束，那么拓扑 G 的每一个 $(k+3)$-边连通分支中将会包含至少一个监测节点。根据定理 6.3 和定理 6.5，对于 $k(k\geq 0)$ 条链路失效的情况，一个监测节点足以实现一个 $(k+3)$-边连通分支中所有非失效链路的性能可识别性。因此，监测节点部署 M 可以实现拓扑中所有 $(k+3)$-边连通分支的可识别性，从而 M 可以实现拓扑 G 中所有非失效链路的可识别性。

通过求解与 FMP 算法生成约束对应的最小碰撞集问题，可以获得一种实现所有（由可预测链路失效得到）拓扑 $G_1,\cdots,G_T$ 的性能可识别性的监测节点部署。

定理 6.6 在使用 FMP 算法得到所有预测拓扑 $\{G_t=(V,L_t):t=1,\cdots,T\}$ 上的监测节点部署约束 F 后，通过求解以节点集 V 和约束集 F 为输入的最小碰撞集问题即 min-HSP(V,F)，可以获得一种使拓扑 $G_1,\cdots,G_T$ 在 $k(k\geq 0)$ 条不可预测链路失效下都是可识别的监测节点部署。

证明 通过求解相应的最小碰撞集问题 min-HSP(V,F)，可以获得一种满足集合 F 中所有约束条件的监测节点部署

（用 M 表示）。由引理 6.1 可知，F 足以保证每个预测拓扑的 k-可识别性，所以 M 能够实现拓扑 $G_1, \cdots, G_T$ 中所有非失效链路的 k-可识别性。另外，对于拓扑 $G_t (t = 1, \cdots, T)$ 中失效被高估的链路（即额外链路）l，其所处位置存在两种可能的情况：a）链路 l 在 G_t 的一个 $(k+3)$-边连通分支里；b）链路 l 连接了 G_t 中两个不同的 $(k+2)$-边连通分支（用 C_1 和 C_2 表示）。对于情况 a），由定理 6.3 和定理 6.5 可知 l 是可识别的。对于情况 b），在分支 C_1 和 C_2 之间至少存在一条经过链路 l 和其他可识别链路的测量路径，基于该路径信息仍然可以推算出 l 的性能指标值。因此，监测节点部署 M 同样可以实现这些失效被高估的链路的性能可识别性。由此定理得证。

6.2.5 冗余监测节点识别算法

在 6.2.4 节中，由于最小碰撞集问题的求解难度（NP 难），使得计算出的监测节点数目通常要比最优的监测节点数目更大。因此，一个自然的问题是：如何在不损失链路 k-可识别性的情况下通过移除冗余的监测节点以优化监测节点部署？本小节进一步提出一个冗余监测节点的识别算法，以判定并移除在一种监测节点部署中冗余的监测节点。直观上，随着网络拓扑连通性的提高，可以不必在每一个连通分支 C_i 上都部署监测节点（如 FMP 算法那样）。这主要是因为

对于分支 C_i 来说，拓扑连通性更好时，在 C_i 外的监测节点之间仍然有足够多的测量路径可以经过 C_i，从而可以保证 C_i 内链路性能的可识别性。例如，图 6.9 所示的网络拓扑包含三个 3-边连通分支（用虚线圆圈表示）。如果想要实现网络所有链路的可识别性（即 0-可识别性），FMP 算法（算法 6.1）将会在每个 3-边连通分支中部署一个监测节点，如 m_1，m_2 和 m_3。然而，由现有结论（6.2.4 节定理 6.3 和定理 6.4）可知 m_1 和 m_3 仍然可以实现网络所有链路的可识别性，因此可以移除监测节点 m_2。下面将详细描述如何移除一个给定监测节点部署中的冗余监测节点。

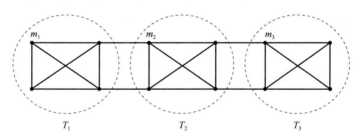

图 6.9　冗余监测节点识别示例

为了尽可能全面地考虑各拓扑上监测节点移除的可能性，本小节在冗余监测节点识别和移除上的策略同样也是首先在各网络拓扑上生成监测节点移除的约束条件，其次从给定的监测节点中选取一组冗余的监测节点以满足这些约束。

为此，给定一个实现拓扑 k-可识别性的监测节点部署 M

（可以是算法 6.1 生成的），本小节提出了一种冗余监测节点识别（或判定）（determination of redundant monitors，DRM）算法，以得到监测节点移除的约束条件。算法 6.2 给出了 DRM 算法的执行流程。对于一个连通分支 C_i，用 $d(C_i)$ 表示 C_i 与其他连通分支之间连接边的数目，即 C_i 的度数；用 $M(C_i)$ 表示 C_i 中包含的监测节点集合。由于初始监测节点 M 是给定的，所以 $M(C_i)$ 也是固定的。这里每一个约束条件也是用集合-整数对 (S_i, n_i) 表示，但是此时约束条件的含义是为了保持网络的 k-可识别性，至多能从集合 S_i 中移除 n_i 个监测节点。具体地讲，DRM 算法首先通过约束 $(\{v\}, 0)$ 保证在度数小于 3 的网络节点上都部署有监测节点（第 3~4 行）。接着，在每个度数不大于 $k+2$ 的 j-边连通分支 $C_i^j (2 \leqslant j \leqslant k+3)$ 中至少部署有一个监测节点，并把约束 $(M(C_i^j), |M(C_i^j)|-1)$ 添加到监测节点移除约束集合 R 中（第 5~11 行）。对于图 6.9 中的拓扑以及初始监测节点 $M = \{m_1, m_2, m_3\}$，DRM 算法将往集合 R 中加入约束 $(\{m_1\}, 0)$ 和约束 $(\{m_3\}, 0)$。

算法 6.2　冗余监测节点识别（DRM）

输入：一个网络拓扑 G，参数 k，初始监测节点部署 M
输出：监测节点移除约束 R
1：$R \leftarrow \varnothing$；
2：**for** each connected component C of G **do**
3：　　**for** each node v with degree less than 3 **do**

4： $R \leftarrow R \cup \{(\{v\}, 0)\}$;

5： $j \leftarrow 2$;

6：   **while** $j \leqslant k+3$ **do**

7：   partition C into j-edge-connected components C_1^j, C_2^j, $\cdots$;

8：   **for** each j-edge-connected component C_i^j **do**

9：   **if** $d(C_i^j) \leqslant k+2$ **then**

10： $R \leftarrow R \cup \{(M(C_i^j), |M(C_i^j)|-1)\}$;

11： $j \leftarrow j+1$;

对于初始监测节点部署 M，在将 DRM 算法应用于每个预测拓扑 $G_t(t=1, \cdots, T)$ 及获得所有约束条件 R 后，本小节将冗余监测节点的移除问题映射为从 M 中选取一个满足 R 中的所有约束 (S_i, n_i) 的最大子集 M'，即对于所有的 (S_i, n_i)，有 $|M' \cap S_i| \leqslant n_i$。本小节将该问题称为以 (M, R) 为输入的最大碰撞集问题，即 max-HSP(M, R)。可以证明的是，当需要从一个实现网络 k-可识别性的监测节点部署中移除冗余的监测节点时，由 DRM 算法生成的约束对于保持网络 k-可识别性是充分且必要的（第 6.2.6 节将给出具体分析）。因此，冗余监测节点的识别和移除有助于找到一种可以实现所有预测拓扑 k-可识别性的最优的监测节点部署。

实际上，求解一个以 $(V, \{(S_i, n_i): i=1, 2, \cdots\})$ 为输入的最小碰撞集问题等价于求解一个以 $(V, \{(S_i, |S_i|-n_i): i=1, 2, \cdots\})$ 为输入的最大碰撞集问题，因此最大碰撞集问题的求解难度和最小碰撞集问题的求解难度是一致的。这里可

以应用与最小碰撞集问题求解相似的启发式算法（见 6.2.3 节）。与最小碰撞集问题求解不同的是，当网络中还存在冗余监测节点时，本小节选择移除的是被最少数目的约束包含的一个监测节点。对于冗余监测节点的移除问题，该启发式算法可以取得如下的近似比。

定理 6.7[123]　对于最大碰撞集问题 max-HSP(M, R)，设计的启发式求解算法可以实现 $1/|R|$ 的近似比，即启发式算法选取的冗余监测节点数目最多比问题最优解小 $1/|R|$ 倍。

时间复杂度　虽然最大碰撞集问题有着与最小碰撞集问题相同的解决难度，但冗余监测节点识别及移除的复杂度与初始监测节点集合 M 的大小有关，而其通常要比网络节点集合 V 小得多。具体地讲，DRM 算法在生成冗余监测节点约束时遵循与 FMP 算法相似的执行流程，所以其复杂度与 FMP 算法是一样的，即对于一组预测拓扑 $G_1, \cdots, G_T$，当 $k = 0$ 时 DRM 算法的复杂度为 $O(|L_t|)$，当 $k > 0$ 时 DRM 的复杂度为 $O(k|V|^4)$。在最大碰撞集问题求解中，每一个冗余监测节点的选取需要统计 $O(T|V|)$ 个约束条件的满足情况，而一个约束条件满足情况的检验需要 $O(|M|)$ 的时间，因此启发式算法的复杂度为 $O(T|V| \cdot |M|)$。综上，冗余监测节点识别（及移除）的总体时间复杂度为

$$O(T|V| \cdot |M|)\,(k = 0) \quad \text{和} \quad O\left(\sum_{t=1}^{T} k|V|^4\right) \ (k > 0)\,.$$

为了更直观地说明前两节提出的各种稳健监测节点部署

算法的性能，下面给出一个简单的例子。图 6.10 所示为一个含有两个预测拓扑 G_1 和 G_2（由可预测链路失效得到）的时变网络。假定网络运行过程中最多只有一条不可预测的链路失效发生，即 $k=1$。现在应用不同的监测节点部署算法以实现拓扑 G_1 和 G_2 在一条不可预测链路失效下的可识别性，即 1-可识别性。对于联合部署算法 uMPK，通过在 G_1 和 G_2 中分别使用 MPK 算法[121]，将选取 $\{b,h\}$（G_1 中）和 $\{a,c,e\}$（G_2 中）作为监测节点。因此，uMPK 最终选取的监测节点为 $\{b,h,a,c,e\}$。对于一次性部署算法，其首先构造拓扑 G_1 和 G_2 的基础图 G_b（图 6.10（c）所示），接着在基础图 G_b 上应用 MPK，从而可能选取节点 $\{a,e,h,g\}$ 作为监测节点。增量部署算法 IMPK 将首先在第一个拓扑 G_1 上应用 MPK，其可能选择 $\{b,h\}$ 作为监测节点。基于 G_1 的监测节点，IMPK 接着检查第二个拓扑 G_2 中是否需要进一步部署监测节点以实现其 1-可识别性。由于节点 a 和节点 e 是 G_2 的 4-边连通分支，IMPK 将选取 $\{a,e\}$ 作为额外的监测节点，从而得到最终的监测节点部署 $\{b,h,a,e\}$。综合部署算法首先生成监测节点部署约束：对于拓扑 G_1，约束 $F_1 = \{(\{a,b,c,d,e,f,g\},1),(\{h\},1)\}$；对于拓扑 G_2，约束 $F_2 = \{(\{a\},1),(\{b,c,d,f,g,h\},1),(\{e\},1)\}$。接着综合部署算法使用启发式算法求解以 $(\{a,b,c,d,e,f,g,h\},F_1 \cup F_2)$ 为输入的最小碰撞集问题（min-HSP），从而获得监测节点部署结果 $\{a,e,h\}$。

基于初始监测节点部署 $\{a,b,c,d,e,f,g,h\}$（或其他部署算法的结果），冗余监测节点识别（及移除）算法也将获得相同的监测节点部署 $\{a,e,h\}$。在这个例子中，由于实现拓扑 G_2 的 1-可识别性至少需要 3 个监测节点，所以综合部署算法和冗余监测节点识别（及移除）算法生成的结果都是最优的。

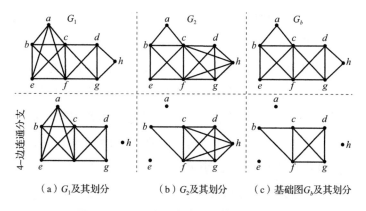

（a）G_1 及其划分　　　（b）G_2 及其划分　　　（c）基础图 G_b 及其划分

图 6.10　不同监测节点部署算法应用示例

6.2.6　冗余监测节点识别算法分析

对于一种监测节点部署 M，6.2.5 节提出了一个冗余监测节点识别（及移除）算法 DRM，在保持网络 k-可识别性的情况下进一步提高监测节点部署性能，降低测量成本。下面引理正式给出了冗余监测节点识别算法生成的约束条件对于保持网络链路的 k-可识别性是充分且必要的。

引理 6.2   给定一种实现网络 G 的 k-可识别性的监测节点部署 M，对于 M 的一个子集 M'，当前仅当 M' 满足 DRM 算法生成的所有约束条件 R 时，即对于 R 中的所有 (S_i, n_i)，都有 $|M' \cap S_i| \leqslant n_i$，则 $M \setminus M'$ 仍可以实现 G 的 k-可识别性 ($k \geqslant 0$)。

证明   首先证明该引理的必要部分。如 6.2.5 节算法 6.2 所示，DRM 算法在必须是监测节点的网络节点（即度数不大于 2 的节点）上生成约束（算法 6.2 第 3~4 行）。此外，DRM 算法在每个度数不大于 $k+2$ 的 j-边连通分支 ($2 \leqslant j \leqslant k+3$) 上生成一个约束（算法 6.2 第 9~10 行），以使得在该分支上保留至少一个监测节点。如果移除的监测节点 M' 不满足约束集合 R，那么 M' 将不符合算法 6.2 的条件（第 3 行或第 9 行），即造成以下两种结果之一。

1）在度数为 1 或 2 的网络节点 v 上没有部署监测节点。此时，将无法通过不经过重复链路的测量路径（或测量环路）推算出与节点 v 相连的链路性能。

2）在度数不大于 $k+2$ 的连通分支 C_i 上没有部署监测节点。考虑一个有 k 条链路同时失效的场景 φ，同时 φ 中的链路失效将会导致 C_i 的度数不大于 2。根据失效发生后与 C_i 相连接的链路数目，对于 C_i 的连通性存在三种可能的情况。用 G' 表示链路失效后的拓扑，用 d_i' 表示 G' 中分支 C_i 的度数。

● 如果 $d_i' = 0$，那么 C_i 在 G' 中是一个孤立的分支（如

图6.11（a）所示）。此时，C_i 中必须含有一个监测节点，否则无论其他分支上的监测节点如何部署，都无法测得 C_i 中链路的性能。

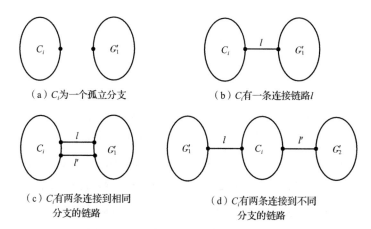

（a）C_i 为一个孤立分支

（b）C_i 有一条连接链路 l

（c）C_i 有两条连接到相同分支的链路

（d）C_i 有两条连接到不同分支的链路

图6.11 链路失效后一个度数不大于 2 的分支 C_i 的连通情况示例

- 如果 $d_i' = 1$，那么在 G' 中仍有一条链路 l 连接到 C_i（如图6.11（b）所示）。此时，如果 C_i 中不含有监测节点，那么将没有测量路径（或测量环路）可以经过 l 及 C_i 中的链路，从而使得 l 及 C_i 中的链路性能是不可识别的。因此，C_i 中必须至少含有一个监测节点。

- 如果 $d_i' = 2$，那么在 G' 中有两条链路 l 和 l' 连接到 C_i（如图6.11（c）和图6.11（d）所示）。此时，如果 C_i 中没有监测节点，那么任意一条经过链路 l 的路径也必定会经过链路 l'，此时只可能计算出 $l+l'$ 总的性能，而无法计算出 l 和

l' 单独的性能。因此，C_i 中也必须至少含有一个监测节点。

从以上分析可以看出，在链路失效场景 φ 下，如果连通分支 C_i 中不含有监测节点，那么网络中将至少存在两条不可识别的链路。

因此，为了使 $M \setminus M'$ 在 k 条不可预测的链路失效下仍可以实现 G 的可识别性，移除的监测节点 M' 必须要满足所有约束条件 R。

下面证明引理的充分部分。考虑一组满足算法 6.2 中条件的移除监测节点 M'。根据定义 6.1，对所有在 $M \setminus M'$ 中的监测节点进行融合操作。由于 M' 满足算法 6.2 中的所有条件，即在每一个度数不大于 $k+2$ 的连通分支上至少留有一个监测节点，从而在监测节点融合后的拓扑图 G' 上删除任意 $k+2$ 条链路将不会使 G' 变得不连通。因此，G' 是一个 $(k+3)$-边连通的图。根据定理 6.5，图 G' 的所有链路都是 k-可识别的。根据定理 6.4，网络原拓扑 G 中所有链路也是 k-可识别的。综上，可以证得如果移除的监测节点 M' 满足所有约束条件 R，则 $M \setminus M'$ 仍能够保证 G 的 k-可识别性。

基于冗余监测节点识别算法 DRM 生成的约束条件 R，并通过求取相应最大碰撞集问题（max-HSP）的最优解，可以得到一种最优的监测节点部署。

定理 6.8 给定一个初始监测节点部署 $M = V$，在使用 DRM 算法得到所有拓扑 $\{G_t = (V, L_t) : t = 1, \cdots, T\}$ 上的冗余监测节点移除约束 R 后，通过求取以 V 和 R 为输入的最大碰撞集问题（max-HSP(V,R)）的最优解 M'，将得到一个使拓扑 $G_1,\cdots,G_T$ 在 $k(k\geqslant0)$ 条不可预测链路失效下都是可识别的最优监测节点部署 $V\setminus M'$。

证明　首先，max-HSP(V,R) 问题的解 M' 满足 R 中的所有约束条件。其次，由于初始监测节点部署 M 将网络的每个节点都部署为了监测节点，则 M 必定可以实现网络的 k-可识别性。一方面，根据引理 6.2，约束条件 R 可以保持网络的 k-可识别性，所以监测节点集 $V\setminus M'$ 可以使拓扑 $G_1,\cdots,G_T$ 在任意 k 条不可预测链路失效下都是可识别的。另一方面，任何不符合约束条件 R 的集合 M^* 将会比 max-HSP(V,R) 的解 M' 包含更多的监测节点。假设 M^* 违反了拓扑 G_t 中的约束，由于集合 R 中的约束是必要的（引理 6.2），那么 $V\setminus M^*$ 将无法实现 G_t 的 k-可识别性。对于预测拓扑中失效被高估的链路，基于与定理 6.6 中相似的论述，$V\setminus M'$ 仍可以测得这些链路的性能指标。由此定理得证。

6.3　性能评价

6.2 节详细地介绍了能够应对网络链路失效的监测节点部署算法，本节将利用真实的网络拓扑来评估这些算法的性能。首先，本节将给出实验的评价方法，包括对网络拓扑信息的描述；其次，本节将展示实验的结果并对其进行分析。特别地，本节还将定量地评估两种链路失效（可预测和不可预测链路失效）对网络测量的影响。

6.3.1 评价方法

实验使用实际应用中收集的网络拓扑对算法进行验证。

1）出租车行驶轨迹数据集[116]。实验从中选取了一段 2 小时的记录，其中包含 100 辆出租车的行驶轨迹，并且出租车大约每分钟会更新一次其位置信息。接着实验通过如下方式提取出每条记录中的网络拓扑：指定一个出租车通信范围的阈值，当两辆出租车之间的距离小于该阈值时，用一条链路将与这两辆出租车对应的节点连接起来。表 6.1 列出了在不同通信范围阈值下提取的网络拓扑信息。

表 6.1   出租车网络拓扑的参数信息（100 个节点）

范围阈值/m	拓扑变化次数	平均链路数目	平均边连通分支数目
500	120	184.1	33.9
1000	120	538.3	16.0
1500	120	1012.6	8.5
2000	120	1523.6	6.7
2500	120	2000.5	4.2
3000	120	2409.9	3.7
3500	120	2754.5	2.3

2）大规模传感网 GreenOrbs[117] 中的数据包传输记录。GreenOrbs 为一个部署在森林区域的传感网。自 2008 年以来，大约有 400 个传感器节点分散在中国浙江的天目山上，其中

每个节点以 10 分钟为周期向基站发送一次感知数据。实验选取了 GreenOrbs 网络在 2010 年 12 月里连续 7 天的数据传输记录，共统计了 385 488 个数据包的路由信息。实验首先设定了一个数据记录划分时隙，并通过以下方式提取出各时隙上的网络拓扑：如果在一个特定的时隙内，两个传感器节点之间传输了数据包，就用一条链路将这两个节点连接起来。表 6.2 列出了在不同时隙长度下提取的网络拓扑信息。

表 6.2　无线传感网络 GreenOrbs 拓扑的参数信息（330 个节点）

时隙长度/h	拓扑变化次数	平均链路数目	平均边连通分支数目
1.5	112	1121.1	38.1
2	84	2516.9	25.0
3	56	3227.6	17.8
4	42	4198.1	10.4
8	21	5187.5	5.1
16	10	6054.9	3.5

6.3.2　稳健监测节点部署性能评价

实验首先比较了不同监测节点部署算法在实现网络链路 k-可识别性（即在任意 k 条链路失效下所有非失效链路的性能仍是可测的）时需要部署的监测节点数量。这里，实验应用启发式算法求解相应的最小碰撞集问题和最大碰撞集问

207

题。为了验证冗余监测节点识别及移除（DRM）的有效性，本小节将综合部署算法的输出结果作为 DRM 算法的输入，即作为冗余监测节点移除时的初始监测节点。同时，本小节将只使用了 FMP 算法的监测节点部署算法称为基本的综合部署算法（basic-joint），而将结合了冗余监测节点识别（及移除）（DRM）算法的监测节点部署算法称为完整的综合部署算法（joint）。值得说明的是，这些算法都可以实现网络链路性能的 k-可识别性。

图 6.12 显示了在出租车网络和无线传感网 GreenOrbs 中，当没有不可预测的链路失效（即 $k=0$）时，不同监测节点部署算法为了实现网络可识别性（0-可识别性）所部署的监测节点数量。和预期的一样，尽管简单的部署算法（uMPK 和一次性部署算法 one-time）复杂度更低，但其使用的监测节点数量要比其他算法更多。增量部署算法（incremental）在两个网络中都具有良好的效果。此外，基本的综合部署算法可以进一步提高监测节点部署的性能。由于对冗余监测节点的移除，完整的综合部署算法在所有场景中使用的监测节点数量是最少的。同时可以看出，不同的拓扑需要不同数量的监测节点来保证其链路的可识别性。例如，出租车网络中，当出租车通信范围分别为 500m 和 3500m 时，完整的综合部署算法分别需要部署 85 个和 23 个监测节点。这主要是因为通信范围为 3500m 时网络拓扑会更加密集（即含有更多的链路），而相比于稀疏的网络，密集的网络存在更

多可用的测量路径，从而有利于减少监测节点的数目。

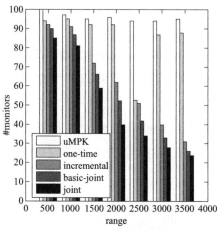

（a）出租车网络

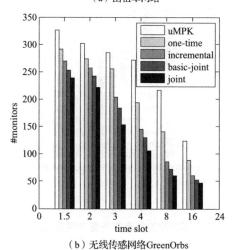

（b）无线传感网络GreenOrbs

图 6.12　不同监测节点部署算法性能对比（$k=0$）

209

图 6.13 显示了当网络中存在一条不可预测的链路失效（或对一条链路变动的预测误差）时（即 $k=1$），各种不同算法的部署结果。可以看出，对于同一个网络拓扑，实现其 1-可识别性要比实现其 0-可识别性需要更多的监测节点。例如，对于 3500m 的通信范围及 16h 的时隙长度，完整的综合部署算法分别需要使用 23 个和 47 个监测节点以实现网络的 0-可识别性，而使用 30 个和 56 个监测节点以实现网络的 1-可识别性。因此，完整的综合部署算法依旧取得了最好的效果。

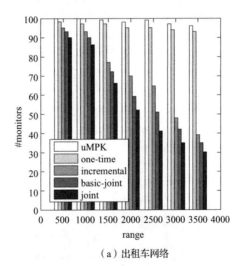

（a）出租车网络

图 6.13 不同监测节点部署算法性能对比（$k=1$）

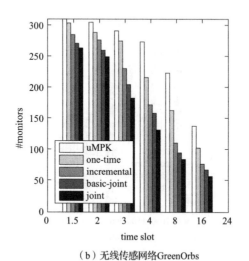

（b）无线传感网络GreenOrbs

图 6.13　不同监测节点部署算法性能对比（k=1）（续）

图 6.14 显示了当网络中存在两条不可预测的链路失效（或对两条链路变动的预测误差）时（即 $k=2$），不同算法的监测节点部署结果。可以看到，完整的综合部署算法使用的监测节点依然是最少的。有趣的是，在连通性更好的网络中，当 $k=2$ 时完整的综合部署算法相比基本的综合部署算法的性能提升要比当 $k=0,1$ 时的性能提升更加明显。这主要是因为随着参数 k 的增大，连通性更好的网络拓扑将被划分成更多的连通分支，从而更易于移除在每个连通分支上冗余的监测节点，这也使得完整的综合部署算法相比于基本的综合部署算法的性能提升更加明显。

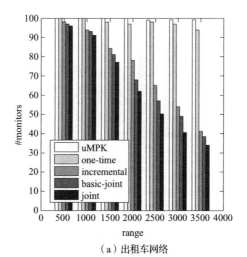

（a）出租车网络

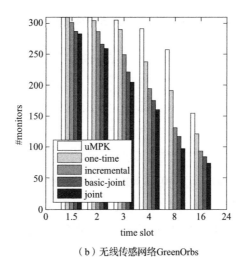

（b）无线传感网络GreenOrbs

图 6.14　不同监测节点部署算法性能对比 （$k=2$）

6.3.3 链路失效对网络测量的影响

对于大规模网络性能的测量，当前很多工作都假设网络链路通信始终是稳定可靠的，没有考虑到链路失效的情况。本小节将系统地评估链路失效对网络测量有效性及测量开销的影响。具体地讲，本小节分别定量地分析了可预测链路失效与不可预测链路失效的影响。

6.3.3.1 不可预测链路失效的影响

实验首先评估当网络发生不可预测的链路失效或拓扑预测错误（即存在误差）时，链路性能可识别性的变化情况。由于完整的综合部署算法在所提算法中具有最好的表现，这里使用完整的综合部署算法进行监测节点的选取。具体地讲，基于传统的网络模型设定（即不考虑链路失效），实验首先使用完整的综合部署算法在拓扑中部署监测节点以实现链路的可识别性。接着实验随机地从每个拓扑中删除一部分链路（即模拟不可预测链路失效的发生），并测试前面部署的监测节点是否依然可以实现所有非失效链路的可识别性。为了简便起见，实验分别选取了每种通信范围和时隙长度设置下的 10 个网络拓扑，并重复进行了 1000 次实验。图 6.15 给出了当出租车网络和无线传感网 GreenOrbs 中存在一条不可预测链路失效时，其不可识别链路的比率，即不可识别链路数目与网络所有链路数目的比值。从图 6.15 中可以看出，当发生不可预测的链路失效时，两个网络都不是完全可识别的。这些结果显示了不可预测链路失效会对网络链路性能的可识别性产生很大影响，甚至使原来可识别的链路变得不可识别。

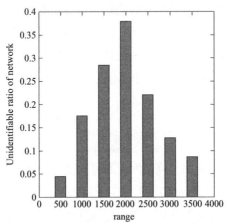

（a）出租车网络不可识别链路比率

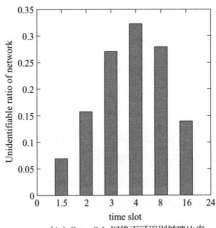

（b）GreenOrbs网络不可识别链路比率

图6.15 不可预测链路失效对网络测量的影响

6.3.3.2　可预测链路失效的影响

实验评估可预测链路失效对网络可识别性和监测节点部署的影响。具体地讲，本小节需要回答以下两个问题：①当忽略可预测的链路失效时，网络可识别性有何变化？②当将所有链路失效都视为不可预测的，这将对监测节点部署性能有何影响？为了回答第一个问题，实验仅将完整的综合部署算法应用于网络在第一个时隙上的拓扑，并忽略随后时隙上的拓扑。然后，实验测试部署的监测节点是否可以实现其他时隙网络拓扑的可识别性。

图6.16（a）给出了当只在出租车网络的第一个时隙拓扑上部署监测节点时，网络各时隙拓扑中不可识别链路的数目（此时出租车通信范围的阈值为2000m）。很明显，由于可预测的链路失效，初始部署的监测节点难以保证其他时隙拓扑中所有链路的可识别性。

为了回答第二个问题，实验用两条失效链路（一条可预测的失效和一条不可预测的失效）的场景来评估监测节点部署的性能。首先，实验假设两个链路失效都是不可预测的（即$k=2$），并使用综合部署算法在网络中部署监测节点。另外，基于对一个链路失效的准确预测，实验使用完整的综合部署算法在得到的一组时变拓扑中进行监测节点的部署，同时考虑一个不可预测的链路失效（即$k=1$）. 本小节重复进行了10次实验并给出了平均结果。图6.16（b）表明基于链路失效的可预测性，可以有效地减少网络监测节点的部署数量。

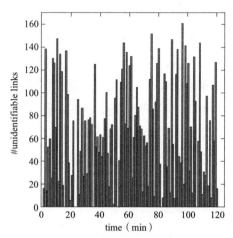

（a）不可识别链路数目

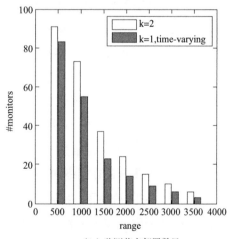

（b）监测节点部署数目

图 6.16　可预测链路失效对网络测量的影响

6.4 本章小结

本章深入并详细地阐述了链路通信失效及拓扑连通性预测误差对网络测量的影响，提出了多种稳健的监测节点部署算法，在保证测量任务顺利进行以及链路性能可识别性的同时，实现测量成本与时间复杂度之间的平衡。本章的主要创新点归结如下。

1）本章首次考虑了当可预测链路失效与不可预测链路失效同时存在时网络性能的测量问题。此前国内外研究工作要么假定一个理想的失效预测模型（即可以准确预测出所有的链路失效），要么对链路失效预测进行悲观的假设（即无法预测任何的链路失效）。综合实际网络中链路失效的可预测性与不可预测性，有利于提高测量的稳健性，并降低测量的成本。

2）本章提出了多种稳健的监测节点部署算法，当有可预测与不可预测的链路失效发生时，基于监测节点之间端到端的测量数据，推算出所有非失效链路的性能指标值，具体包括：①两种简单的部署算法（即联合部署和一次性部署），将传统针对不可预测链路失效的部署算法应用于一组由可预测链路失效生成拓扑上；②增量部署算法，基于已有监测节点，在一组预测拓扑上依次部署额外的监测节点；③综合部署算法，通过将监测节点部署问题映射为广义的碰撞集问题以全面考虑所有预测拓扑的监测节点部署需求。此外，本章还设计了一个冗余监测节点的识别及移除算法。

3）本章形式化地证明了所提算法的有效性，即算法部署的监测节点即使在链路失效发生时仍然可以保证网络中所有非失效链路性能的可识别性。

4）本章利用实际网络拓扑对所提算法的性能进行了评估。除了验证不同算法在测量开销与复杂度之间的权衡，实验结果还表明链路失效对网络性能的可识别性及监测节点的部署性能都具有重要影响。

第 7 章

总结与展望

7.1 全书总结及创新点

本书主要研究基于断层扫描的网络性能测量中的关键技术，在测量灵活性、测量有效性和测量稳健性三个核心方面展开研究。针对这三个方面的问题，本书分别提出了基于界限值推断的链路测量技术、基于界限值推断的路径测量技术、基于时变拓扑序列的链路测量技术和基于失效分类建模的链路测量技术。

本书的主要创新点总结如下。

第一，本书提出了一种基于界限值推断的链路测量技术，包括高效的链路性能界限值推断算法和新监测节点的部署算法。针对传统断层扫描方法存在测量精确度单一、实现难度大、测量成本高等问题，本书提出的方法在满足服务提供商与网络管理员测量需求的前提下，通过灵活调整链路性能指标测量的精确度及测量链路的选取，显著地降低了测量的成本与开销。

第二，本书提出了一种基于界限值推断的路径测量技术，包括路径性能界限值推断算法和新监测节点的部署算法。针对现有链路性能测量工作的不足，本书提出的方法能够以较小的开销实现对网络关键应用服务端到端性能的测量，为大规模网络测量的应用与推广奠定了良好的基础。

第三，本书提出了一种基于时变拓扑序列的链路测量技术。针对现有研究工作只适用于静态网络拓扑的场景，本书工作全面考虑了拓扑的动态性和路由的动态性，并提出了一种基于网络连通性预测的时变拓扑刻画模型。基于该模型，本书提出了一种预先式监测节点部署算法，便于服务提供商与网络管理员在网络规划阶段，完成对网络运行阶段测量所需监测节点的部署，从而减少了监测节点更换的开销并提高了测量的稳定性。

第四，本书深入分析了链路通信失效及拓扑连通性预测误差对网络测量的影响，并提出了可以同时应对可预测与不可预测失效的链路测量技术，包括多种稳健的监测节点部署算法。相比现有监测节点部署算法，本书提出的算法在保证链路性能可识别性的同时，实现了测量成本与计算复杂度之间的平衡，为大规模网络的设计与优化提供了理论指导。

7.2　未来的工作

未来的研究工作主要包含以下几点。

第一，测量结果的综合和建模。网络性能测量方法所生成的结果种类繁多，量纲各异，如：时延单位通常是毫秒（ms），带宽单位通常是比特/秒（b/s），而丢包率通常用百分比表示，不同测量结果之间相互独立，且存在明显的异构性[125]。目前的网络测量研究还没有将多个网络性能指标结合起来，给出一个可以量化、易于理解和统一的表示形式。随着网络组成的复杂化及网络应用的多样化，传统的评价指标已难以准确描述当前大规模网络性能和应用服务的状态。因此，如何有效地综合测量方法的多个测量结果，对网络性能和行为做出恰当且规范的评价是一个值得研究的问题。

第二，网络测量信息的挖掘和智能分析。在当前的理论与技术下，想要实现对大规模网络的性能评估，通常需要长时间大范围的测量，才能够得到完整及准确的数据。因此，网络性能测量面临着大规模测量可能带来的海量数据处理和数据时效性的问题。此外，通过对已有网络性能测量信息的追踪、统计与智能分析，有助于服务提供商与网络管理员便捷地找到网络性能的变化趋势，及时定位网络瓶颈，从而保证网络的服务质量。

第三，通用有效的网络测量框架。当前学术界已经提出了很多网络测量技术，包括对整个网络和部分网络的性能测量等。然而这些不同的网络测量技术依赖于不同的网络模型，具有不同的数据收集和数据分析方式。此外，这些测量技术在测量精度、测量粒度、测量开销和实现复杂度等方面也有着不同的表现。因此，建立一个通用而有效的网络测量框架，将这些方法有机地结合起来并在实际应用中根据服务提供商与网络管理员的测量需求实现自适应的选择，也是未来值得继续研究的问题。

参考文献

［1］ 严伟,潘爱民. 计算机网络［M］. 5 版. 北京：清华大学出版社，2012.

［2］ Statista. Number of worldwide internet hosts in the domain name system (DNS) from 1993 to 2019［EB/OL］. https：//www. statista. com/statistics/264473/number-of-internet-hosts-in-the-domain-name-system/general.

［3］ ATZORI L, LERA A, MORABITO G. The internet of things：a survey［J］. Computer networks, 2010, 54 (15)：2787–2805.

［4］ AL-FUQAHA A, GUIZANI M, MOHAMMADI M, et al. Internet of things：a survey on enabling technologies, protocols, and applications［J］. IEEE communication surveys & tutorials, 2015, 17 (4)：2347–2376.

［5］ 谢林利. 智慧城市中基于异构物联网的智慧家居［J］. 计算机科学与应用，2020, 10 (1)：29–34.

［6］ STOJKOSKA B L R, TRIVODALIEV K V. A review of Internet of things for smart home：challenges and solutions［J］. Journal of cleaner production, 2017, 140 (3)：1454–1464.

［7］ GSMA. 2020 全球移动趋势报告［EB/OL］. https：//max. book118. com/html/2021/0608/5100230100003241. shtm.

［8］ IEEE. 802. 15. 4-2020-IEEE approved draft standard for low-rate wireless networks [EB/OL]. https://standards. ieee. org/standard/802_15_4-2020. html.

[9] FARAHANI S. ZigBee wireless networks and transceivers [M]. Burlington: Newnes Publications, 2008.

[10] SONG J P, HAN S, MOK A K, et al. WirelessHART: applying wireless technology in real-time industrial process control [C]. Proceedings of IEEE Real-Time and Embedded Technology and Applications Symposium (RTAS), 2008: 377-386.

[11] LEE J S, SU Y W, SHEN C C. A comparative study of wireless protocols: bluetooth, UWB, ZigBee, and Wi-Fi [C]. Proceedings of IEEE Industrial Electronics Society (IECON), 2007: 46-51.

[12] VASSEUR J P, AGARWAL N, HUI J, et al. RPL: the IP routing protocol designed for low power and lossy networks [EB/OL]. https://www. cse. chalmers. se/edu/year/2019/course/DAT300/PAPERS/rpl. pdf.

[13] Bluetooth SIG. Bluetooth 5. 0 core specification [EB/OL]. https://www. bluetooth. com/bluetooth5.

[14] Internet Engineering Task Force (IETF). OSPF version 2 [EB/OL]. https://www. ietf. org/rfc/rfc2328. txt.

[15] GNAWALI O, FONSECA R, JAMIESON K, et al. Collection tree protocol [C]. Proceedings of ACM SenSys, 2009: 1-14.

[16] ELAPPILA M, CHINARA S, PARHI D R. Survivable path routing in WSN for IoT applications [J]. Pervasive and mobile computing, 2018, 43: 49-63.

[17] 张恒, 蔡志平, 李阳. SDN 网络测量技术综述 [J]. 中国科学: 信息科学, 2018, 48 (3): 293-314.

[18] 王进文, 张晓丽, 李琦, 等. 网络功能虚拟化技术研究进展 [J]. 计算机学报, 2019, 42 (2): 415-436.

[19] 张永铮, 肖军, 云晓春, 等. DDoS 攻击检测和控制方法 [J]. 软件学报, 2012, 23 (8): 2058-2072.

[20] DYO V, ELLWOOD S A, MACDONALD D W, et al. Evolution

and sustainability of a wildlife monitoring sensor network [C]. Proceedings of ACM SenSys, 2010: 1-14.

[21] CHEN J M, CAO X H, CHENG P, et al. Distributed collaborative control for industrial automation with wireless sensor and actuator networks [J]. IEEE transactions on industrial electronics, 2010, 57 (12): 4219-4230.

[22] GHAYVAT H, MUKHOPADHYAY S, GUI X, et al. WSN- and IoT-based smart homes and their extension to smart buildings [J]. Sensors, 2015, 15 (5): 10350-10379.

[23] DONG W, LIU Y H, HE Y, et al. Measurement and analysis on the packet delivery performance in a large-scale sensor network [J]. IEEE/ACM transactions on networking (ToN), 2014, 22 (6): 1952-1963.

[24] Ars Technica. Netflix performance on verizon and comcast has been dropping for months [EB/OL]. https://arstechnica.com/information-technology/2014/02/netflix-performance-on-verizon-and-comcast-has-been-dropping-for-months/.

[25] MAO X F, MIAO X, HE Y, et al. CitySee: urban CO_2 monitoring with sensors [C]. Proceedings of IEEE INFOCOM, 2012: 1611-1619.

[26] COATES M, HERO A, NOWAK R, et al. Internet tomography [J]. IEEE signal processing magazine, 2002, 19 (3): 47-65.

[27] LAWRENCE E, MICHAILIDIS G, NAIR V N, et al. Network tomography: a review and recent developments [J]. Frontiers in statistics, 2006, 54: 345-364.

[28] XIA Y, TSE D. Inference of link delay in communication networks [J]. IEEE journal of selected areas in communications, 2006, 24 (12): 2235-2248.

[29] GUREWITZ O, SIDI M. Estimating one-way delays from cyclic-path delay measurements [C]. Proceedings of IEEE INFOCOM, 2001: 1038-1044.

[30] GOPALAN A, RAMASUBRAMANIAN S. On identifying additive link metrics using linearly independent cycles and paths [J]. IEEE/ACM transactions on networking (ToN), 2012, 20 (3): 906-916.

[31] ALON A, EMEK Y, FELDMAN M, et al. Economical graph discovery [C]. Symposium on Innovations in Computer Science, 2011: 1-12.

[32] HORTON J D, LÓPEZ-ORTIZ A. On the number of distributed measurement points for network tomography [C]. Proceedings of ACM IMC, 2003: 204-209.

[33] KUMAR R, KAUR J. Practical beacon placement for link monitoring using network tomography [J]. IEEE journal on selected areas in communications, 2006, 24 (12): 2196-2209.

[34] MAHAJAN R, SPRING N, WETHERALL D, et al. Inferring link weights using end-to-end measurements [C]. Proceedings of ACM Internet Measurement Workshop, 2002: 1-6.

[35] MA L, HE T, LEUNG K K, et al. Monitor placement for maximal identifiability in network tomography [C]. Proceedings of IEEE INFOCOM, 2014: 1447-1455.

[36] YANG R W, FENG C Y, WANG L N, et al. On the optimal monitor placement for inferring additive metrics of interested paths [C]. Proceedings of IEEE INFOCOM, 2018: 2141-2149.

[37] GOPALAN A, RAMASUBRAMANIAN S. On the maximum number of linearly independent cycles and paths in a network [J]. IEEE/ACM transactions on networking (ToN), 2014, 22 (5): 1373-1388.

[38] CHEN Y, BINDEL D, SONG H H, et al. Algebra-based scalable overlay network monitoring: algorithms, evaluation, and applications [J]. IEEE/ACM transactions on networking (ToN), 2007, 15 (5): 1084-1097.

[39] ZHENG Q, CAO G H. Minimizing probing cost and achieving

identifiability in probe-based network link monitoring [J]. IEEE transactions on computers, 2013, 62 (3): 510-523.

[40] LI H K, GAO Y, DONG W, et al. Bound-based network tomography for inferring interesting link metrics [C]. Proceedings of IEEE INFOCOM, 2020: 1588-1597.

[41] LI H K, GAO Y, DONG W, et al. Bound-based network tomography for inferring interesting path metrics [J]. IEEE/ACM transactions on networking (ToN), 2023, 31 (1): 1-14.

[42] LI H K, GAO Y, DONG W, et al. Preferential link tomography in dynamic networks [C]. Proceedings of IEEE ICNP, 2017: 1-10.

[43] LI H K, GAO Y, DONG W, et al. Preferential link tomography in dynamic networks [J]. IEEE/ACM transactions on networking (ToN), 2019, 27 (5): 1801-1814.

[44] LI H K, GAO Y, DONG W, et al. Taming both predictable and unpredictable link failures for network tomography [C]. Proceedings of ACM TUR-C, 2017: 1-10.

[45] LI H K, GAO Y, DONG W, et al. Taming both predictable and unpredictable link failures for network tomography [J]. IEEE/ACM transactions on networking (ToN), 2018, 26 (3): 1460-1473.

[46] 张江,孙治,徐锐,等. 一种网络空间资源的测度方法研究 [J]. 信息技术与网络安全, 2019, 5 (2): 11-15.

[47] Paessler. Ping-definition and details [EB/OL]. https://www.paessler.com/it-explained/ping.

[48] MediaCollege. How to use the traceroute command [EB/OL]. https://www.mediacollege.com/internet/troubleshooter/traceroute.html.

[49] DOWNEY A B. Using pathchar to estimate internet link characteristics [C]. Proceedings of ACM SIGCOMM, 1999: 241-250.

[50] VARDI Y. Network tomography: estimating source-destination traffic intensities from link data [J]. Journal of the American statistical association, 1996, 91 (433): 365-377.

[51] MAHAJAN R, RODRIG M, WETHERALL D, et al. Analyzing the mac-level behavior of wireless networks in the wild [C]. Proceedings of ACM SIGCOMM, 2006: 75-86.

[52] YANG Y, XU Y J, LI X W, et al. A loss inference algorithm for wireless sensor networks to improve data reliability of digital eco-systems [J]. IEEE transactions on industrial electronics, 2011, 58 (6): 2126-2137.

[53] KOMPELLA R R, LEVCHENKO K, SNOEREN A C, et al. Every microsecond counts: tracking fine-grain latencies with a lossy difference aggregator [C]. Proceedings of ACM SIGCOMM, 2009: 255-266.

[54] KELLER M, THIELE L, BEUTEL J. Reconstruction of the correct temporal order of sensor network data [C]. Proceedings of ACM/IEEE IPSN, 2011: 282-293.

[55] GAO Y, DONG W, CHEN C, et al. Domo: passive per-packet delay tomography in wireless ad-hoc networks [C]. Proceedings of IEEE ICDCS, 2014: 419-428.

[56] 张荣, 金跃辉, 杨谈, 等. 分布式网络测量中测量节点的智能选择算法 [J]. 计算机科学, 2015, 42 (9): 70-78.

[57] CASTRO R, COATES M, LIANG G, et al. Network tomography: recent developments [J]. Statistical science, 2004, 19 (3): 499-517.

[58] COCERES R, DUFFIELD N, HOROWITZ J, et al. Multicast-based inference of network-internal characteristics: accuracy of packet loss estimation [C]. Proceedings of IEEE INFOCOM, 1999: 371-379.

[59] COATES M, CASTRO R, NOWAK R. Maximum likelihood network topology identification from edge-based unicast measurements [J]. Performance evaluation review, 2002, 30 (1): 11-20.

[60] SHIH M F, HERO A O. Unicast-based inference of network link delay distributions with finite mixture models [J]. IEEE transac-

tions on signal processing, 2003, 51 (8): 2219-2228.

[61] ZHANG J Z. Origin-destination network tomography with bayesian inversion approach [C]. Proceedings of IEEE/ACM WI, 2006: 1 -4.

[62] BU T, DUFFIELD N, PRESTI F L, et al. Network tomography on general topologies [C]. Proceedings of ACM SIGMETRICS, 2002: 1-10.

[63] CHEN A Y, CAO J, BU T. Network tomography: identifiability and fourier domain estimation [C]. Proceedings of IEEE INFO-COM, 2007: 1875-1883.

[64] HE T, LIU C, SWAMI A, et al. Fisher information-based experiment design for network tomography [C]. Proceedings of ACM SIGMETRICS, 2015: 389-402.

[65] KOMPELLA R R, YATES J, GREENBERG A G, et al. Detection and localization of network black holes [C]. Proceedings of IEEE INFOCOM, 2007: 2180-2188.

[66] ZENG H Y, KAZEMIAN P, VARGHESE G, et al. Automatic test packet generation [C]. Proceedings of ACM CoNEXT, 2012: 241-252.

[67] DHAMDHERE A, TEIXEIRA R, DOVROLIS C, et al. NetDiagnoser: troubleshooting network unreachabilities using end-to-end probes and routing data [C]. Proceedings of ACM CoNEXT, 2007: 1-12.

[68] HUANG Y Y, FEAMSTER N, TEIXEIRA R. Practical issues with using network tomography for fault diagnosis [J]. ACM SIG-COMM computer communication review, 2008, 38 (5): 53-57.

[69] NGUYEN H X, THIRAN P. The boolean solution to the congested IP link location problem: theory and practice [C]. Proceedings of IEEE INFOCOM, 2007: 1-9.

[70] GHITA D, KARAKUS C, ARGYRAKI K, et al. Shifting network tomography toward a practical goal [C]. Proceedings of ACM CoNEXT, 2011: 1-12.

[71] ZHANG Y, ROUGHAN M, WILLINGER W, et al. Spatio-temporal compressive sensing and internet traffic matrices [C]. Proceedings of ACM SIGCOMM, 2009: 1-12.

[72] FIROOZ M, ROY S. Network tomography via compressed sensing [C]. Proceedings of IEEE GLOBECOM, 2010: 1-5.

[73] XU W Y, MALLADA E, TANG A. Compressive sensing over graphs [C]. Proceedings of INFOCOM, 2011: 1-9.

[74] AHUJA S, RAMASUBRAMANIAN S, KRUNZ M. SRLG failure localization in all-optical networks using monitoring cycles and paths [C]. Proceedings of INFOCOM, 2008: 700-708.

[75] BEJERANO Y, RASTOGI R. Robust monitoring of link delays and faults in IP networks [J]. IEEE/ACM transactions on networking (ToN), 2006, 14 (5): 1092-1103.

[76] RATHI N, SARASWAT J, BHATTACHARYA P P. A review on routing protocols for application in wireless sensor networks [J]. International journal of distributed and parallel systems (IJDPS), 2012, 3 (5): 39-58.

[77] Open networking foundation [EB/OL]. http://www.opennetworkingfoundation.org.

[78] Open Networking Foundation. Switch specification version 1.4.0 [EB/OL]. https://www.opennetworking.org/images/stories/downloads/sdn-resources/onfspecifications/openflow/openflow-spec-v1.4.0.pdf.

[79] MA L, HE T, LEUNG K K, SWAMI A, et al. Inferring link metrics from end-to-end path measurements: identifiability and monitor placement [J]. IEEE/ACM transactions on networking (ToN), 2014, 22 (4): 1351-1368.

[80] MA L, HE T, LEUNG K K, et al. Identifiability of link metrics based on end-to-end path measurements [C]. Proceedings of ACM IMC, 2013: 391-404.

[81] MA L, HE T, LEUNG K K, et al. Link identifiability in commu-

nication networks with two monitors [C]. Proceedings of IEEE GLOBECOM, 2013: 1513-1518.

[82] GAO Y, DONG W, WU W B, et al. Scalpel: scalable preferential link tomography based on graph trimming [J]. IEEE/ACM transactions on networking (ToN), 2016, 24 (3): 1392-1403.

[83] DONG W, GAO Y, WU W B, et al. Optimal monitor assignment for preferential link tomography in communication networks [J]. IEEE/ACM transactions on networking (ToN), 2017, 25 (1): 210-223.

[84] DUFFIELD N. Simple network performance tomography [C]. Proceedings of ACM IMC, 2003: 1-6.

[85] MA L, HE T, SWAMI A, et al. Node failure localization via network tomography [C]. Proceedings of ACM IMC, 2014: 195-208.

[86] MA L, HE T, SWAMI A, et al. On optimal monitor placement for localizing node failures via network tomography [J]. Performance evaluation, 2015, 91: 16-37.

[87] MA L, HE T, SWAMI A, et al. Network capability in localizing node failures via end-to-end path measurements [J]. IEEE/ACM transactions on networking (ToN), 2017, 25 (1): 434-450.

[88] HE T, BARTOLINI N, KHAMFROUSH H, et al. Service placement for detecting and localizing failures using end-to-end observations [C]. Proceedings of IEEE ICDCS, 2016: 560-569.

[89] BARTOLINI N, HE T, KHAMFROUSH H. Fundamental limits of failure identifiability by boolean network tomography [C]. Proceedings of IEEE INFOCOM, 2017: 1-9.

[90] WING O, KIM W. The path matrix and its realizability [J]. IRE transactions on circuit theory, 1959, 6: 267-272.

[91] MA L, HE T, LEUNG K K, et al. Efficient identification of additive link metrics via network tomography [C]. Proceedings of IEEE ICDCS, 2013: 581-590.

[92] LI F, THOTTAN M. End-to-end service quality measurement using source-routed probes [C]. Proceedings of IEEE INFOCOM,

2006：1-12.

[93] NGUYEN H X, THIRAN P. Active measurement for multiple link failures diagnosis in IP networks [C]. Proceedings of Passive and Active Measurement, 2004：1-10.

[94] BARFORD P, DUFFIELD N, RON A, et al. Network performance anomaly detection and localization [C]. Proceedings of IEEE INFOCOM, 2009：1377-1385.

[95] TANG C P, MCKINLEY P K. On the cost-quality tradeoff in topology-aware overlay path probing [C]. Proceedings of IEEE ICNP, 2003：1-12.

[96] TURNER D, LEVCHENKO K, SNOEREN A C, et al. California fault lines：understanding the causes and impact of network failures [C]. Proceedings of ACM SIGCOMM, 2010：1-12.

[97] SUNSHINE C A. Source routing in computer networks [C]. Proceedings of ACM SIGCOMM Computer Communication Review, 1977, 7 (1)：29-33.

[98] SHIRINIVAS S G, VETRIVEL S, ELANGO N M. Applications of graph theory in computer science an overview [J]. International journal of engineering science and technology, 2010, 2 (9)：4610-4621.

[99] 武亚丽. 轮图、星图及圈集的 Ramsey 数研究 [D]. 北京：北京交通大学. 2016.

[100] TARJAN R. Depth-first search and linear graph algorithms [J]. SIAM journal on computing, 1972, 1 (2)：146-160.

[101] BATTISTA G D, TAMASSIA R. On-line graph algorithms with SPQR-trees [C] Proceedings of ACM ICALP, 1990：598-611.

[102] HESPANHA J P. Linear systems theory [M]. 2nd ed. Princeton：Princeton University Press, 2018.

[103] FENG C Y, WANG L N, WU K, et al. Bound-based network tomography with additive metrics [C]. Proceedings of IEEE INFOCOM, 2019：316-324.

[104] University of Washington. Rocketfuel: an ISP topology mapping engine [EB/OL]. http://www. cs. washington. edu/research/networking/rocketfuel/.

[105] MIJUMBI R, SERRAT J, GORRICHO J L, et al. Network function virtualization: state-of-the-art and research challenges [J]. IEEE communications surveys & tutorials, 2016, 18 (1): 236-262.

[106] NGMN Alliance. Description of network slicing concept [R]. NGMN 5G P1, version 1. 0.

[107] Internet Speed Test — Fast. com [EB/OL]. https://fast. com/.

[108] The ISP speed index from netflix [EB/OL]. https://ispspeed-index. netflix. com/.

[109] Measurement lab [EB/OL]. https://www. measurementlab. net/.

[110] KANG N X, GHOBADI M, REUMANN J, et al. Efficient traffic splitting on commodity switches [C]. Proceedings of ACM CoNEXT, 2015: 1-13.

[111] KABBANI A R, VAMANAN B, HASAN J, et al. Flow-bender: flow-level adaptive routing for improved latency and throughput in datacenter networks [C]. Proceedings of ACM CoNEXT, 2014: 149-160.

[112] LIU Y H, LIU K B, LI M. Passive diagnosis for wireless sensor networks [J]. IEEE/ACM transactions on networking (ToN), 2010, 18 (4): 1132-1144.

[113] ZHAO M, WANG W Y. Analyzing topology dynamics in ad hoc networks using a smooth mobility model [C]. Proceedings of IEEE WCNC, 2007: 3281-3286.

[114] GU Y, HE T. Dynamic switching-based data forwarding for low-duty-cycle wireless sensor networks [J]. IEEE transactions on mobile computing (TMC), 2011, 10 (12): 1741-1754.

[115] CHANDRASEKARAN K, KARP R, MORENO-CENTENO E, et al. Algorithms for implicit hitting set problems [C]. Proceed-

　　　　　　ings of ACM SODA, 2011: 614-629.

[116]　Dataset of mobility traces of taxi cabs in San Francisco, USA [EB/OL]. http://crawdad. org/epfl/mobility.

[117]　IoT Tech Center, Tsinghua University [EB/OL]. The Greenorbs Laboratory. 2014.

[118]　MARKOPOULOU A, IANNACCONE G, BHATTACHARYYA S, et al. Characterization of failures in an operational IP backbone network [J]. IEEE/ACM transactions on networking (ToN), 2008, 16 (4): 749-762.

[119]　LIU S, YANG Y, WANG W X. Research of AODV routing protocol for ad hoc networks [C]. Proceedings of AASRI Procedia, 2013: 21-31.

[120]　肖百龙, 郭伟, 刘军, 等. 移动自组织网络基于链路稳定性的伪流言路由算法 [J]. 通信学报, 2008, 29 (6): 26-33.

[121]　REN W, DONG W. Robust network tomography: k-identifiability and monitor assignment [C]. Proceedings of IEEE INFOCOM, 2016: 1-9.

[122]　WANG K H, LI B C. Group mobility and partition prediction in wreless ad-hoc networks [C]. Proceedings of IEEE ICC, 2002: 1-5.

[123]　HE T, GKELIAS A, MA L, et al. Robust and efficient monitor placement for network tomography in dynamic networks [J]. IEEE/ACM transactions on networking (ToN), 2017, 25 (3): 1732-1745.

[124]　TSIH Y H. A simple 3-edge-connected component algorithm [J]. Theory of computing systems, 2007, 40 (2): 125-142.

[125]　胡治国, 田春岐, 杜亮, 等. IP 网络性能测量研究现状和进展 [J]. 软件学报, 2017, 28 (1): 105-134.

攻读博士学位期间的科研成果

[1] **LI H K**, GAO Y, DONG W, et al. Bound-based network tomography for inferring interesting path metrics [J]. IEEE/ACM transactions on networking (ToN), 2023, 31 (1): 1-14. (CCF 推荐 A 类期刊)

[2] **LI H K**, GAO Y, DONG W, et al. Bound-based network tomography for inferring interesting link metrics [C]. Proceedings of IEEE INFOCOM, 2020: 1588-1597. (CCF 推荐 A 类会议)

[3] **LI H K**, DONG W, WANG Y H, et al. Enhancing the performance of 802. 15. 4-based wireless sensor networks with NB-IoT [J]. IEEE internet of things journal, 2020, 7 (4): 3523-3534. (中科院 JCR-1 区期刊, IF=10. 238)

[4] **LI H K**, GAO Y, DONG W, et al. Preferential link tomography in dynamic networks [J]. IEEE/ACM transactions on networking (ToN), 2019, 27 (5): 1801-1814. (CCF 推荐 A 类期刊)

[5] **LI H K**, GAO Y, DONG W, et al. Taming both predictable and unpredictable link failures for network tomography [J]. IEEE/ACM transactions on networking (ToN), 2018, 26 (3): 1460-1473. (CCF 推荐 A 类期刊)

[6] **Li H K**, CHEN G L, WANG Y H, et al. Accurate performance modeling of uplink transmission in NB-IoT [C]. Proceedings of IEEE ICPADS, 2018: 910-917. (CCF 推荐 C 类会议)

［7］ **LI H K**, GAO Y, DONG W, et al. Preferential link tomography in dynamic networks ［C］. Proceedings of IEEE ICNP, 2017: 1–10.（CCF 推荐 B 类会议）

［8］ **LI H K**, GAO Y, DONG W, et al. Taming both predictable and unpredictable link failures for network tomography ［C］. Proceedings of ACM TUR-C (SIGCOMM China), 2017: 1–10.（**Best Paper Award**）

［9］ DONG W, LV J M, CHEN G L, et al. TinyNet: a lightweight, modular, and unified network architecture for the internet of things ［C］. Proceedings of ACM MobiSys, 2022: 248–260.（CCF 推荐 B 类会议）

［10］ CHEN G L, WANG Y H, **LI H K**, et al. TinyNet: a lightweight, modular, and unified network architecture for the internet of things ［C］. Proceedings of ACM SIGCOMM Posters and Demos, 2019: 9–11.（CCF 推荐 A 类会议）

［11］ 李惠康, 高艺, 董玮, 等. 网络断层扫描: 理论与算法 ［J］. 软件学报, 2021, 32 (2): 475–495.（CCF 推荐 A 类中文期刊, doi: 10.13328/j.cnki.jos.006134）

致谢

岁月如梭，不知不觉研究生的学习生涯即将画上句号。回望过去，在对顺利获得工学博士学位而有些许喜悦的同时，心中更多的是对从小学到大学20余年求学时光的感慨和追忆。在即将走出校园，步入社会之际，由衷地向所有帮助和关心我的人表达满满的谢意。

首先衷心地感谢我的导师陈纯老师和卜佳俊老师。感谢两位老师营造了优越的科研环境和融洽的氛围，并提供了大量与国内外专家学者交流合作的平台，使我能够接触到最前沿的科学问题，在知识的海洋里自由地遨游。另外，两位老师的和蔼可亲、质朴敬业为我树立了很好的榜样。祝愿两位老师身体健康，一切顺利！

非常感谢我的指导老师董玮。2014年暑假，还在大三的我有幸来到董老师带领的EmNets课题组实习。一个月的暑期实习，让科研经历基本空白的我对科学研究的概念和过程有了初步的了解，也让我顺利获得了直接攻读博士学位的资格。在直接攻读博士学位的五年半时间里，感谢董老师在审阅论文、撰写论文、申请项目、做报告和项目管理等诸多方面孜孜不倦的教诲，让我对如何成为一名优秀的科研工作者有了深刻的认识和理解。同时，也感谢董老师对我工作上存在的不足的包容。祝愿董老师在今后的科研工作中一帆风顺，再创新高！

诚挚地感谢课题组的高艺老师。依然清晰记得2016年暑假投稿第一篇INFOCOM论文的场景，高艺老师带着我从头到尾改了一遍初稿，在论文的写作和排版上都给了我很多指导。另外，在2017年第一篇ToN论文的修改过程中高艺老师也给我提供了很多建议。这些经历对我日后论文写作能力的提高有很大的帮助。祝愿高艺老师继续保持强劲的势头，在科研事业上更上一层楼！

感谢实验室的张勤老师、俞琦老师和周芳老师在实验室财务、实验室设备、国际交流和学位论文答辩等诸多事务方面的支持。感谢实验室的同学们：比我先毕业的赵志为、刘晓瑾、俞杰、郭凯、邓立志、黄昊程、张啸宇、任伟、陈远、曹晨红和管高扬，他们给我的学习和生活提供了很多指导；与我一起入学的陈共龙、罗路遥、傅凯博、陈元瀛和罗阳，怀念一起上课、讨论和吃饭的日子。感谢实验室的师弟师妹们：靖远、宋心怡、程志浩、周寒、林宇翔、王一卉、李博睿、刘汶鑫、张甲栋、李炳基、蔡振宇、张文照、吕嘉美、张宇轩、邱福建、曾思钰、袁宇、王敏玥、范宏昌、杨光、李烨明、曹丁越和吴昊，他们给我的日常学习和工作提供了很多帮助。祝愿大家前程似锦，生活美满！

感谢研究生期间的室友钱超，很幸运从研究生入学到毕业一直都是室友。他的勤奋与专注、对科研工作的热爱给我留下了深刻的印象，也时常鞭策着我要对学习和工作保持热情。祝愿他再接再厉，在科研的道路上越走越远！

最后，要特别感谢我的爸爸和妈妈，他们对我无微不至的关爱和一如既往的理解与支持，让我能够全身心投入到学习中，顺利完成博士研究生的学业。另外，他们在为人处事、行为举止和学习等方面的谆谆教诲早已铭记在我的心里。在博士研究生即将毕业之际，祝愿他们心想事成，永远健康快乐！

人生就是心中描绘的景象在现实中的写照。心怀感恩，再次出发！

李惠康

2020 年冬于求是园

丛书跋

　　2006 年，中国计算机学会设立了 CCF 优秀博士学位论文奖（简称 CCF 优博奖），授予在计算机科学与技术及其相关领域的基础理论或应用研究方面有重要突破，或者在关键技术和应用技术方面有重要创新的我国计算机领域博士学位论文的作者。微软亚洲研究院自 CCF 优博奖创立之初就大力支持此项活动，至今已有十余年。双方始终保持着良好的合作关系，共同增强 CCF 优博奖的影响力。自设立开始，CCF 优博奖激励了一批又一批优秀的年轻学者，帮他们赢得了同行认可，也为他们提供了发展支持。

　　为了更好地展示我国计算机学科博士生教育取得的成效，推广博士研究生的科研成果，加强高端学术交流，CCF 委托机械工业出版社以 "CCF 优博丛书" 的形式，全文出版荣获 CCF 优博奖的博士学位论文。微软亚洲研究院再一次给予了大力支持，在此我谨代表 CCF 对微软亚洲研究院表示由衷的感谢。希望在双方的共同努力下，"CCF 优博丛书" 可以激励更多的年轻学者做出优秀的研究成果，推动我国计算机领域的科技进步。

唐卫清

中国计算机学会秘书长

2022 年 9 月